Udo Moll
Klima-Hysterie als Ersatzreligion.
Die fatale Dreiecksbeziehung zwischen Neoklimatologie, Politik
und Medien

„Je mehr Leute es sind, die eine Sache glauben, desto größer ist die Wahrscheinlichkeit, dass die Ansicht falsch ist. Menschen, die Recht haben, stehen meistens allein."

Sören Kierkegaard

„Das, was allgemein als ausgemacht gilt, verdient, am meisten untersucht zu werden."

Georg Christoph Lichtenberg

Udo Moll

Klima-Hysterie als Ersatzreligion

Die fatale Dreiecksbeziehung zwischen Neoklimatologie, Politik und Medien

© 2020 Dr. Udo Moll
Umschlagdesign: Dr. Udo Moll
Umschlagfoto: Pixabay
Redaktion: Dr. Udo Moll
Kontaktadresse des Autors:
dresimum@gmail.com
Verlag & Druck: tredition GmbH,
Halenreie 40-44, 22359 Hamburg
ISBN 978-3-7497-2848-0

INHALT

VORBEMERKUNG

„Im Stil der Katholischen Kirche warnen Umweltschützer seit einem Vierteljahrhundert vor der Treibhaushölle. Durch die globale Erwärmung, so ihre düstere Prophezeiung, würden Plagen biblischen Ausmaßes in Marsch gesetzt: Dauerdürren, Sintfluten und Wirbelstürme von nie da gewesener Wucht.
Doch inzwischen glauben deutlich weniger Menschen an den Weltuntergang. Einen dramatischen Meinungsumschwung hat eine Umfrage im Auftrag des SPIEGEL ermittelt: Die Deutschen verlieren die Angst vor dem Klimawandel. Fürchtete sich 2006 noch eine satte Mehrheit von 62 % vor der globalen Erwärmung, ist es jetzt nur noch eine Minderheit von 39 %...
Zu diesem Stimmungswechsel hat vermutlich beigetragen, dass die Erwärmung Pause macht: Seit mittlerweile 15 Jahren steigt die globale Mitteltemperatur nicht mehr weiter an - anders als von den Computersimulationen der Klimatologen vorhergesagt."[1]
Das war einmal so im Jahr 2013. Mittlerweile sind sechs Jahre ins Land gegangen, und es deutet heutzutage Vieles darauf hin, dass sich seit damals das Blatt leider wieder gewendet hat. Immer mehr Schüler bleiben nunmehr freitags sogar dem Unterricht fern, um ihrer an die Jungfrau von Orléans erinnernden, aber klimatologisch leider absolut ahnungslosen Gallionsfigur Greta Thunberg Lemmingen gleich blinde Gefolgschaft zu leisten. Irgendwie verständlich, denn angeblich geht es ja um ihre Zukunft.
Keine einzige Nachrichtensendung in Funk und Fernsehen kommt in diesen Tagen mehr ohne Horrormeldungen zur

---

[1] Aus Der Spiegel 39/2013, Klima: Ratloses Orakel

Klimaentwicklung aus. Da will sogar die TV-Moderatorin dort, wo nicht einmal Messgeräte einen Anstieg des Meeresspiegels belegen können, mit eigenen Augen gesehen haben, wie die erbarmungslos anbrandenden Fluten fluchtwilliger indigener Bevölkerung die Existenzgrundlage streitig machen. Neuerdings dürfen wir schon fast nicht mehr das essen, was wir seit Jahrtausenden genussvoll zu uns nehmen, nur weil hirnverbrannte Klimafanatiker ihrer Ersatzreligion ausgerechnet über das metanhaltige Furzen von Rindern und Schweinen lautstark Gehör verschaffen wollen.

Das Angstpotential schaukelt sich vor diesem Hintergrund fast im Monatsrhythmus in die Höhe, und das Ganze nimmt noch einmal so richtig Fahrt auf, wenn namhafte Neoklimatologen sich mit ihren berufenen Mündern wichtig und scheinbar unwiderlegbar kompetent in die allenthalben tobende Massenpsychose einbringen.

Als Konsequenz dieser Entwicklung stehen wir vor einer riesengroßen Verunsicherung, ja sogar Verängstigung unserer Gesellschaft, wenn es um das heutige Klima und dessen zukünftige Entwicklung geht. Ein nahezu undurchdringliches Dickicht an unbeantworteten Fragen, unsachgemäßen, laienhaften oder sogar bewusst lancierten falschen Antworten und Prophezeiungen breitet sich überall in den Medien und in der Politik öffentlich vor uns aus. Selbst Messwerte klingen häufig unglaubwürdig, denn oft kann man sich des Eindrucks nicht erwehren, sie seien herbeigemessen oder herbeigerechnet worden, um ein vorgefasstes Ergebnis zu erzielen.

All das ist weniger deshalb möglich, weil das Thema ‚Klima' ein sehr kompliziertes und schwer durchschaubares ist, sondern eher, weil es eines ist, welches uns alle betrifft. So nimmt es nicht weiter Wunder, dass sich längst auch Krethi und Plethi berufen fühlen, ihre ureigensten Kommentare öffentlich abzugeben und sich dabei den Anschein geben, die absolute Wahrheit gefunden zu haben. Selbst von wissenschaftlicher Seite meint so mancher, seine Predigt zum Klimadogma ähnlich wie zu einer neuen Religion beisteuern zu müssen, sehr oft gänzlich losgelöst von seriöser klimatologischer Sachkenntnis und Fachkompetenz. Klimawissenschaft kommt einem häufig vor wie eine bibelgestützte Ideologie, der man gefälligst zu glauben und zu folgen hat. Aber seit wann hat Wissenschaft etwas mit Glauben zu tun? Oder mit Konsens, wie man in jüngster Zeit immer häufiger mit Erstaunen wahrnehmen kann.

Ich habe mich bereits vor einiger Zeit bemüht, dem klimatologischen Laien ein solides Grundwissen von Allgemeiner Klimatologie, Paläoklimatologie und historischer Klimatologie zu vermitteln,[2] weil ich überzeugt war und bin, dass klimatologische Bildung unabdingbare Voraussetzung ist, um heutzutage noch einigermaßen sorgenfrei in den blauen Himmel blicken zu können. Interessierte Leser werden auf diesem Weg in die Lage versetzt, klimatologische Zusammenhänge für alle Zeiten unabhängig von den täglichen Horrorszenarien, welche pausenlos durch sämtliche Medien geistern, in eigener Regie beurteilen zu können. Und zwar unabhängig und völlig losgelöst von tendenziösen Medienprophezeiungen. Auch klimatologische Scharlatanerien verlieren ihre Grundlage, nämlich die Unwissenheit ihrer Opfer. Die sehen bekanntlich nur, was sie wissen.

Heute nun geht es mir darum, das klimatologische Wissen und Bewusstsein der Opfer noch einmal ein Stück weit zu erweitern. Ich möchte eine hoffentlich zahlreiche Leserschaft tief und fest davon überzeugen, dass die aktuell immer groteskere Formen annehmende allgemeine Klimaneurose nichts weiter ist als Angstmacherei und fauler Zauber, der beim sorgfältigen Anlegen wissenschaftlicher Maßstäbe und Argumente wie ein Kartenhaus in sich zusammenfällt. Die Auswirkungen von CO_2 werden allenthalben ausnahmslos und grenzenlos überschätzt. Sein Erwärmungspotential liegt um ein Vielfaches niedriger, als man uns offiziell weismachen will. CO_2 spielt im Zusammenhang mit einer Klimaerwärmung lediglich eine untergeordnete, ja sogar marginale Rolle, ebenso wie die meisten anderen Treibhausgase.

Die Eigendynamik der Massenneurose trübt nicht nur den Blick auf naturwissenschaftliche Realitäten, sondern sie verhindert ihn

---

[2] Udo Moll: Klimawandel oder heiße Luft? Hamburg (tredition) 2016.

sogar vollständig. Sie führt dazu, dass entscheidende Fakten, gewollt oder ungewollt, völlig außer Acht gelassen oder sogar komplett übersehen werden. Gehirne werden, soweit vorhanden, einfach abgeschaltet. Leider geben sich auch unsere verantwortlichen Politiker blindlings unkritisch dieser neuen Ersatzreligion leidenschaftlich und gleichzeitig völlig ahnungslos hin, weil sie auf falsche Berater setzen. Die Bibel der modernen Ersatzreligion wird auf Teufel komm raus den PIK-Priestern nachgebetet. Gefolgt wird auch hier gnadenlos der Herde, obwohl man dabei bekanntlich nur Ärsche sieht.[3] Hauptsache, man labert irgendeinen Nonsens an die Masse der gläubigen Opfer heran. Die glauben sowieso alles, weil sie von Klima noch weniger Ahnung haben. Jeder ungläubige Kritiker, ob Laie mit normalem Menschenverstand oder vom Fach, wird augenblicklich als Ketzer eingestuft und entsprechend niedergemacht, d. h. mit Verleumdungen und Beleidigungen zum Schweigen gebracht.

Sogar vor dem einstigen Elfenbeinturm der Wissenschaft machen derartige Verfahrensweisen absolut keinen Halt! Dessen ungeachtet übt sich die überwiegende Mehrheit seriöser Klimatologen wider besseres Wissen in vornehmer Zurückhaltung. Nicht nur, weil man vordergründig den Shitstorm fürchtet, der auf jeden Einzelnen herniederniederprasselt, wenn er es wagte, sich kritisch gegen den Mainstream zu äußern. Dieses zweifelhafte Vergnügen hatte ich vor ein paar Jahren bei Erscheinen meines ersten Klimabuchs selber schon gehabt.[4] Aber nein, es geht hier vor allem darum, den Zufluss unentbehrlicher Forschungsdrittmittel nicht zu gefährden oder gar abreißen zu lassen. Denn nur, wer mit dem Strom schwimmt, darf heutzutage in Ruhe weiterforschen. Ohne zusätzliche Gelder könnte sich kein wissenschaftliches Institut mehr für längere Zeit über Wasser halten. Eine hochinteressante Frage sei an dieser Stelle jedoch erlaubt: Was forscht denn ein linientreuer, von der Politik gekidnappter Klimatologe eigentlich, wenn doch

---

[3] Hannes Jaenicke: Wer der Herde folgt, sieht nur Ärsche: Warum wir dringend Helden brauchen. Gütersloh (Gütersloher Verlagshaus) 2017.
[4] Udo Moll: Klimawandel oder heiße Luft? Hamburg (tredition) 2016.

die Ergebnisse schon vor dem Beginn seines Projektes vorgegeben sind?

Es ist also mehr als an der Zeit, auf Deutsch gesagt höchste Eisenbahn, die verschleiernde und umnebelnde Maskenfratze der Neoklimatologie endlich herunterzureißen, um die CO_2-Neurose als Scheinreligion des 21. Jahrhunderts zu enttarnen und anzuprangern. Noch sind lediglich einigermaßen verschmerzbare volkswirtschaftliche Kollateralschäden als unabänderliche Konsequenzen eines fehlgeleiteten neoklimatologischen Aktionismus zu beklagen. Gravierend wird es jedoch schon sehr bald aussehen, wenn in Deutschland alle herkömmlichen Kraftwerke endgültig für immer stillgelegt werden und zeitgleich die von oben verordnete Elektromobilität endlich Hals über Kopf durchgesetzt wird. Strom kommt offenbar wirklich nur aus der Steckdose!

US-Präsident Donald Trump, wie auch immer man ihn beurteilen mag, ist dem Rest der Welt zumindest klimapolitisch meilenweit vorausgeeilt, weil er sich auf kompetente Berater verlassen hat. Er hat dem Klimawahn zumindest in den USA ein jähes Ende bereitet. Wir in Europa können uns auf diesem Gebiet eine Scheibe von seiner einzig richtigen Entscheidung abschneiden, indem auch wir uns vom Schwachsinn des Pariser Klimaübereinkommens distanzieren!

Im Januar 2020 Udo Moll

1 TAUZIEHEN UM DAS KLIMA

Der erste Wissenschaftler, der sich mit dem Wärmehaushalt der Erde beschäftigte, war der französische Mathematiker und Physiker Jean-Baptiste Joseph Fourier (1768 – 1830). Er veröffentlichte bereits 1824 eine physikalische Abhandlung über dieses komplizierte Thema und gilt seither als Entdecker des heute viel zitierten Glashauseffekts.[5] Zur Zeit Fouriers waren die physikalischen Hintergründe dieses auch als Treibhauseffekt bezeichneten Phänomens jedoch noch lange nicht bestätigt und seine Ausführungen über einen wärmenden atmosphärischen Effekt somit reine Spekulation.

Erst nachdem Gustav Kirchhoff im Jahr 1859 die Spektralanalyse zur Begründung seiner Strahlungsgesetze entwickelte, beschäftigte sich als erster der irische Physiker John Tyndall (1820-1893) mit dem Absorptionsverhalten verschiedener atmosphärischer Gase und bestätigte mit seinem Differenzspektrometer Fouriers Behauptung, dass Gase in der Atmosphäre Wärme absorbieren können. Im Jahr 1890 begann dann Svante August Arrhenius (1859-1927), schwedischer Physiker und Nobelpreisträger für Chemie und ein angeblicher Vorfahre von Greta, zu untersuchen, wie die mittlere Erdtemperatur von wärmeabsorbierenden Gasen abhängt.[6] Damit war er der erste Wissenschaftler, der sich mit der Frage beschäftigte, wie sich eine Erhöhung der CO_2-Konzentration und der anderer Treibhausgase auf das Erdklima

---

[5] J.-B. J. Fourier : Mémoire sur les températures du globe terrestre et des espaces planétaires. Les sciences de DES de Mémoires de l'Académie Royale 7, 1824.

[6] S. Arrhenius : On the Influence of Carbonic Acid in the Air upon the Temperature of the Ground. In: Philosophical Magazine and Journal of Science 41, Nr. 251, 1896, S. 237–276.

auswirken. Er berechnete, dass eine Verdoppelung des CO_2-Gehalts der Atmosphäre eine globale Erwärmung von 4° bis 6° C zur Folge haben würde. Das war schon äußerst bemerkenswert für seine Zeit, entsprechen doch die Ergebnisse weitestgehend den heute vom Weltklimarat verbindlich vorgegebenen Werten.

Aber erst seit dem Beginn der systematischen und kontinuierlichen instrumentellen Messung des Kohlendioxidgehalts der Erdatmosphäre im Jahr 1958, also an die 70 Jahre später, hat sich die mögliche globale Erwärmung unseres Planeten als Konsequenz anthropogen (durch den Menschen) verursachter Emissionen von Treibhausgasen zu einem wissenschaftlichen Thema entwickelt. Diese bis heute fortgesetzte Messreihe auf dem hawaiischen Mauna Loa verdanken wir dem US-amerikanischen Wissenschaftler Charles David Keeling von der Scripps Institution of Oceanography. Er dachte damals seiner Zeit weit voraus und gilt seitdem als einer der Pioniere der modernen Klimawissenschaft. Die täglich aktualisierte graphische Darstellung seiner Datensammlung ist als Keelingkurve[7] weltweit hinreichend bekannt geworden.

Seit den 1980er Jahren haben sich möglicher anthropogen verursachter Klimawandel und globale Erwärmung schließlich zu einem hochaktuellen, ja sogar brisanten Thema entwickelt, welches schon längst nicht mehr nur Klimawissenschaftler umtreibt oder solche, die sich dafür halten. Das Problem wurde angesichts erster deutlicher Anzeichen einer beginnenden globalen Erwärmung in Windeseile zu einem weltumspannenden Brennpunkt öffentlichen Interesses, ja sogar zur Menschheitsfrage. Mittlerweile fühlen sich selbst Heerscharen von klimatologisch völlig Ahnungslosen berufen, lautstark und öffentlich das Thema anzugehen. Ein bunt gemischtes Tauziehen um das Thema „Klimaerwärmung" ist das chaotische Ergebnis.

Vor diesem Hintergrund ist es sicherlich nützlich, sich zunächst einen Überblick über die Szene zu verschaffen, um die aktuelle Diskussion überhaupt einigermaßen einordnen zu können. Wer, welche Gruppierungen und Institutionen sind mehr oder weniger

---

[7] https://scripps.ucsd.edu/programs/keelingcurve/

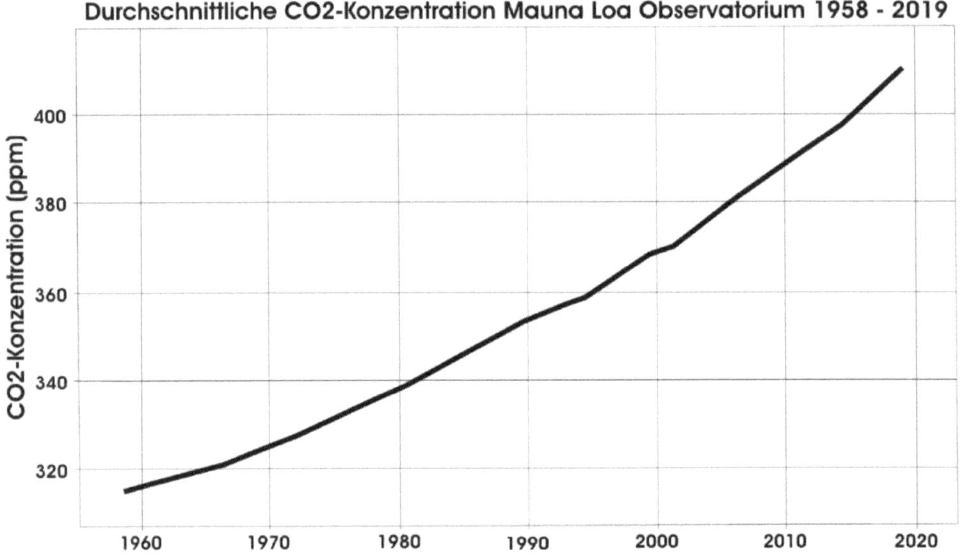

Abb. 1: Die aktuelle Keelingkurve.
(Quelle: Data from Dr. Pieter Tans, NOAA/ESRL and Dr. Ralph Keeling, Scripps Institution of Oceanography., CC BY-SA 4.0, https://commons.wikimedia.org/w/index.php?curid=46146497).

maßgeblich beteiligt, und wie sieht es im Einzelnen jeweils mit der fachlichen Kompetenz aus? Gibt es neben Fachleuten, die genau wissen, wovon sie sprechen, auch solche, die sich Selbiges einfach nur einbilden?

1.1 Kleiner Exkurs: Was ist eigentlich Klima?

Vorab ist jedoch noch ein Diskurs notwendig, denn wenn wir hier über Klima und Klimawandel sprechen wollen, dann sollten wir uns zuvor Klarheit darüber verschaffen, was Klima eigentlich ist. Jeder benutzt diesen Begriff als festen Bestandteil der täglichen Sprache, doch nur einige Wenige haben sich jemals ernsthaft gefragt, was sich eigentlich dahinter verbirgt.

So, wie die anthropogene Klimaerwärmung ist letztlich auch das Klima selbst als wissenschaftliches Konstrukt aufzufassen, welches sich von nicht geographisch oder meteorologisch vorgebildeten Personen nur in relativ eng begrenztem Umfang erfahren lässt. Die Bühne, auf der sich Klima ‚abspielt‘, ist nämlich die

Erdatmosphäre, die Gashülle unserer Erde. Und die kann man bekanntlich nicht sehen. Luft ist vollkommen unsichtbar. Glücklicherweise kann man sie jedoch wenigstens fühlen! Ihre Eigenschaften und ihr Zustand sind damit also erfassbar, sprich messbar. Am einfachsten lässt sich der Begriff des Wetters definieren, denn Wetter ist die augenblickliche Qualität eines Luftraumes über einem Ausschnitt der Erdoberfläche, wobei unter anderem Temperatur, Niederschlag, Luftfeuchtigkeit, Luftdruck, Wind oder Sonnenscheindauer wichtige meteorologische Parameter sind, die das Wetter kennzeichnen. Wetter kann man sozusagen „anfassen". Festzuhalten ist dabei, dass das Wetter eine sehr kurzfristige Erscheinung ist, die sich täglich, ja sogar stündlich oder sogar noch schneller ändern kann. Der Blitz aus heiterem Himmel ist ein gutes Beispiel. Der Ablauf des Wetters folgt dabei einem absolut chaotischen System, welches, wenn überhaupt, nur für einen sehr kurzen Zeitraum von wenigen Tagen bedingt vorhersehbar ist.

Klima dagegen ist von weitaus komplexerer Natur als unser Wetter. Eine moderne Definition liefern beispielsweise Weischet und Endlicher: „Das Klima eines geographischen Raumes kann als das Integral aller charakteristischen Eigenschaften des Luftraumes über dem betreffenden Ausschnitt der Erdoberfläche angesehen werden."[8] Franz Mauelshagen hat es unter einem sehr viel einfacheren Nenner plausibel auf den Punkt gebracht.[9] Vereinfacht ausgedrückt ist Klima zunächst einmal nichts anderes als das durchschnittliche Wetter eines Luftraums über einer Erdstelle. Wetter wird also gemessen, Klima wird dagegen nur statistisch aus diesen Messergebnissen gemittelt, also berechnet und deshalb auch als die Statistik des Wetters bezeichnet. Die Weltorganisation für Meteorologie hat in diesem Zusammenhang festgelegt, dass der Erhebungszeitraum von relevanten Klimadaten sehr langfristig angelegt sein muss, mindestens über einen Zeitraum von 30 Jahren.

---

[8] Wolfgang Weischet u. Wilfried Endlicher: Regionale Klimatologie. Die Alte Welt. Stuttgart, Leipzig (Teubner) 2000, S. 19.

[9] Franz Mauelshagen: Klimageschichte der Neuzeit 1500–1900. Darmstadt (Wissenschaftliche Buchgesellschaft) 2010, S. 6 ff.

Die Unterscheidung von Wetter und Klima lässt sich am besten anhand eines einfachen Beispiels veranschaulichen: Wenn in einem Weinbaugebiet in einer Nacht ein Teil der Ernte durch Bodenfrost vernichtet wird, so handelt es sich um ein extremes Wetterphänomen. Kommen Schadensfröste jedoch regelmäßig immer wieder vor, so handelt es sich um ein ganz typisches, den Weinbau negativ beeinflussendes Klimaelement dieser Gegend.

Häufig werden singuläre extreme Wettererscheinungen von der breiten Öffentlichkeit völlig fälschlich als Anzeichen von Klimaänderungen fehlinterpretiert. Erst recht geschieht dies bei Klimaanomalien wie beispielsweise dem extrem langen Kältewinter des Jahres 2013 oder den Hitzesommern von 2003 oder 2018 und 2019. Das eine Mal, so glaubt man, ist bewiesen, dass eine globale Erwärmung überhaupt nicht stattfindet, im zweiten Fall scheint es erwiesen zu sein, dass eine extreme Erwärmung bereits stattgefunden hat. Einzelne Extreme geben aber bekanntlich keinerlei Hinweise auf einen Klimawandel. Insofern können tatsächlich nur langfristige Beobachtungen über mindestens drei Jahrzehnte für die Erkennung von Klimasignalen herangezogen werden. Aussagen auf mittel- oder kurzfristiger oder gar auf einmaliger Beobachtungsbasis sind dagegen stets fehlerhaft und unzutreffend. Erst recht gilt dieses natürlich für Aussagen, die aus der vermeintlichen persönlichen Erinnerung heraus erfolgen. Früher hatten wir nicht so oft Hitzefrei…

1.2 Klimatologie: kaltgestellte Naturwissenschaft zwischen Geographie und Meteorologie

Historisch gesehen bietet es sich an, mit der Klimatologie zu beginnen. Dieses Fachgebiet existiert bereits seit der griechischen Antike, was aber auf keinen Fall impliziert, dass es sich hier um eine irgendwie verstaubte Disziplin handelt. Von wissenschaftlicher Klimatologie, die sich die flächenhafte Erforschung des Erdklimas und dessen Genese auf ihre Fahnen schrieb, kann man denn auch frühestens seit der Erfindung meteorologischer

Messinstrumente im 17. und 18. Jahrhundert sowie dem systematischen Aufbau eines Netzes von Beobachtungsstationen ab dem 19. Jahrhundert sprechen. Seit dem Ende des 19. Jahrhunderts etablierte sich dann folgerichtig die wissenschaftliche Klimatologie im Kontaktbereich von Meteorologie und Geographie, und zwar im Wesentlichen als Teilgebiet der Geographie. Wir sprechen auch häufig von Klimageographie.

In der Anfangsphase der klassischen Klimatologie versuchte man, die Klimaelemente wie beispielsweise Temperatur, Luftdruck und Niederschlag über ihre Mittelwerte und deren erdräumliche Verteilung zu beschreiben. Auf diese als Mittelwertklimatologie bezeichnete Anfangsphase folgte alsbald die so genannte Witterungsklimatologie. Sie beschäftigte sich bereits mit dem Zusammenwirken von Klimaelementen und natürlichen Kräften, den so genannten Klimafaktoren. Aus dem Zusammenspiel beider Teilgebiete resultierte letztendlich die systematische Erfassung geographischer Erscheinungen, die sich als Auswirkungen von Klima manifestieren.

Schließlich entwickelte sich seit den ausgehenden 50er Jahren des letzten Jahrhunderts die dynamische Klimatologie. Sie erforscht die Ursachen und Grundlagen der Klimagenese sowie die dabei auftretenden Klimafaktoren in ihrer erdräumlichen Differenzierung. Im Mittelpunkt der Forschung stehen beispielsweise erdmechanische Grundlagen wie Veränderungen der Erdbahnparameter oder Polverschiebungen sowie vor allem die globale und regionale Dynamik der Atmosphäre. Schon in den 1960er Jahren definierte Wolfgang Weischet[10], einer der bedeutendsten deutschen Klimatologen, wie folgt: „Klima (ist) jener Komplex charakteristischer Qualitäten des Luftraumes über einer Erdstelle, welcher durch dessen spezifische Lage auf der Erdoberfläche bedingt ist.

Als **_Lagebedingungen_** fungieren:

1. die **_solare_** im System der Breitenkreise,

---

[10] Westermann Lexikon der Geographie, Bd. 2, S. 813, Stichwort „Klima". Braunschweig 1969.

2. die ***meteorologische*** im Kreislauf der Allgemeinen Zirkulation der Atmosphäre und

3. die ***geographische*** im Verbreitungsgefüge der Land- und Wasserflächen sowie der Reliefgliederung und dem Bedeckungszustand der Erdoberfläche."

Moderne Klimatologie ist aus heutiger Sicht vernünftigerweise als interdisziplinäre Wissenschaft zu sehen, die sich aus Teilgebieten der Meteorologie, Geographie, Geologie, Ozeanographie, Geochemie und Physik zusammensetzt. Auch schon nach dem bekannten Geographen Wilhelm Lauer war „Klimatologie…keine scharf abgegrenzte, geschlossene Wissenschaft, sondern beschäftigte sich als primäres Teilgebiet der Meteorologie und Geographie mit den physikalischen Erscheinungen der Lufthülle der Erde und ihrer Interaktion mit den Gegebenheiten der Erdoberfläche in Raum und Zeit".[11]

Mit Blick auf die globale Erwärmung spielen drei Teil- bzw. Unterdisziplinen der Klimatologie heute eine tragende Rolle:

1. Die Allgemeine Klimatologie, deren Ziel es ist, die Allgemeine Zirkulation der Atmosphäre nach physikalisch-mathematischen Grundgesetzen mit Hilfe weniger gemessener meteorologischer Grundparameter zu berechnen.[12]

2. Die Paläoklimatologie, die sich als Randgebiet der Geologie mit der prähistorischen Klimageschichte beschäftigt und

3. die Historische Klimatologie, deren Anliegen die Klimageschichte in historischer Zeit ist.

Besonders die Allgemeine Klimatologie ist, der Komplexität ihres Themenspektrums geschuldet, darauf angewiesen, die Erkenntnisse und Ergebnisse benachbarter Spezialwissenschaften in ihre Forschungsarbeit interdisziplinär zu integrieren. Entsprechendes gilt für die Paläoklimatologie und die Historische Klimatologie.

---

[11] Wilhelm Lauer: Klimatologie. Braunschweig (Westermann) 1995.

[12] Nach Westermann Lexikon der Geographie, Bd. 2, S. 817, Stichwort „Klimatologie". Braunschweig (Westermann) 1969.

Leider muss an dieser Stelle abschließend bemerkt werden, dass die Klimatologie oder Klimageographie seit über 25 Jahren im Abseits steht, sozusagen im Schatten der modernen Klimaforschung. Dies soll ausdrücklich kein negatives Werturteil sein, sondern lediglich eine sachliche Feststellung. Klimatologie ist nämlich von ihrer wissenschaftlichen Qualität her dank ihres komplexen wissenschaftlichen Ansatzes der neuen Disziplin in jeder Beziehung haushoch überlegen. Aber im Zeichen des vor nunmehr über 35 Jahren am wissenschaftlichen Horizont allmählich auftauchenden Klimawandels haben es die Kollegen verpasst oder sogar geradezu verpennt, sich als die kompetente Klimadisziplin politisches und öffentliches Gehör zu verschaffen. Man hat das Thema so lange gemütlich und lethargisch schleifen lassen, bis sich letztendlich andere Disziplinen, nämlich ihre ursprünglichen Hilfswissenschaften, klimatisch zu Wort meldeten.

Als Ergebnis verbleibt ein klimawissenschaftlicher Scherbenhaufen aus Klimatologie einerseits und Klimaforschung andererseits. Die Klimatologie ist deshalb nachdrücklich aufgerufen, sich mit ein paar klärenden Worten endlich wieder in die Diskussion einzubringen und sich standesgemäß in Szene zu setzen. Ein solches Unterfangen sollte von Erfolg gekrönt werden, weil die Klimageographie die weitaus qualifizierteren Argumente beitragen könnte, wenn sie denn wollte.

1.3 Klimaforschung: von der Politik gekidnappte Pseudowissenschaft

Ohne der Klimaforschung und ihren Akteuren nahe treten zu wollen: Die provokante Überschrift entstammt zur Hälfte wörtlich einer markanten Äußerung aus ihren eigenen Reihen. Darauf wird weiter unten noch näher einzugehen sein. Unsere Überschrift soll lediglich schon von weitem signalisieren, dass Klimaforschung und Klimatologie zwei vollkommen differente Paar Stiefel sind, die es nicht zu verwechseln gilt! Beginnen wir mit der Genese, der Entwicklungsgeschichte der Klimaforschung.

Hier gibt es nicht viel zu berichten. Sie war eines Tages einfach da! Ende! Bände spricht allerdings die Art und Weise der Geburt. Ich kann mich noch an eine gut 25 Jahre zurückliegende TV-Sendung erinnern, die sich mit dem damals noch vergleichsweisen eher seltenen behandelten Thema des anthropogenen Klimawandels beschäftigte. Gespannt wartete ich darauf, alte Weggefährten aus der Klimatologie auftreten zu sehen. Doch, oh Wunder, von diesen Herren ließ sich nicht ein einziger vor der Kamera blicken. Die gesamte Sendezeit bestritt ein mir fremder Professor namens Mojib Latif, von dem ich bis dato noch nie etwas gehört hatte. Kaum kehrt man einmal der Wissenschaft für ein paar Jahre den Rücken…

Doch was war zwischenzeitlich geschehen? Ganz einfach: Im Jahr 1992 war auf dem Gebiet der Geowissenschaften, insbesondere im Bereich ‚Geographie und Klimatologie‘, eine Bombe eingeschlagen. Als total fachfremder Physiker hatte der Newcomer Hans Joachim Schellnhuber fast unbemerkt das Potsdam-Institut für Klimafolgenforschung gegründet, bekannt unter dem Kürzel PIK. Dieses Ereignis war die Geburtsstunde der deutschen Klimaforschung und wirkte auf klimaambitionierte Naturwissenschaftler, salopp ausgedrückt auf Hobbyklimatologen, wie eine Initialzündung.

Schellnhuber hatte als Spezialist für Festkörperphysik mit Klimatologie eigentlich nicht das Geringste am Hut. Trotzdem stellte man den absoluten geographischen Laien ‚sinnvollerweise‘ vor die Alternative, die Leitung des Instituts für Chemie und Biologie des Meeres an der Universität Oldenburg zu übernehmen, wo er ein mathematisches Modell des Systems Wattenmeer entwickeln sollte. Dank seiner mathematischen Kenntnisse war er in der Lage, Modellrechnungen durchzuführen. Die hierzu notwendigen Parameter des Zusammenspiels der ökologischen Faktoren des Wattenmeeres haben ihm vermutlich Fachleute in einer Art Crashkurs eingebläut.

Doch damit nicht genug. Das Durchführen größerer Modellrechnungen, wie sie bei komplexen Systemanalysen notwendig sind, hatte es ihm offenbar angetan. Nun suchte er alsbald nach größeren Aufgaben. Es ließ nicht lange auf sich warten, bis er – wie sollte es anders kommen – sein Interesse an globalen Ökosystemen entdeckte. Die sind nämlich für Modellathleten weit und breit die allergrößte Herausforderung. Und schwuppdiwupp…entstand sein Konzept der Erdsystemanalyse. Erdsystem beschreibt er als Geosphären-Biosphären-Komplex („Ökosphäre"), bestehend aus den Komponenten Natur (Atmosphäre, Biosphäre, Kryosphäre etc.) und Mensch. Bei Licht betrachtet handelt es sich hier um eine Definition dessen, was spiegelbildlich auch die Geographie umtreibt. Nur sind es dort Leute vom Fach…

In Potsdam wurde der staunenden Geographenschaft vor aller Augen, sozusagen coram publico, von einem Alien wie selbstverständlich eine zweite, neue Geographie präsentiert, ja geradezu vor die Nase gesetzt! Und dass diese in der öffentlichen Wahrnehmung weitaus besser wegkommt als die altehrwürdige Geowissenschaft, dafür sorgte das fachfremde Universalgenie im Handumdrehen.

Die wissenschaftspolitisch Mächtigen innerhalb der Geographie, allen voran der weltweit renommierte Walther Manshard, waren gerade in den Ruhestand gegangen oder auch just verstorben. Dieses Vakuum nutzte der politisch haushoch überlegene Newcomer reaktionsschnell aus. Die Altgeographie wurde so zu verstaubtem Schnee von gestern und führt seitdem nur noch ein marginales Mauerblümchendasein in Schellnhubers langem Schatten. Ein fachwissenschaftlicher Laie hatte die versammelte deutsche Geographenschaft im Handstreich ausgetrickst und mit beiden Ellenbogen an die berühmte Wand gedrückt.

Die Konsequenzen dieser Ereignisse waren äußerst tiefgreifend, denn die Seilschaften Schellnhubers haben unmittelbar im Anschluss die geoklimatische Landschaft in Deutschland fast flächendeckend unterwandert, und niemand riskiert es mehr, ihren Thesen und Prophezeiungen zu widersprechen. Der Übergang „zu einer Erdsystemforschung mit zunehmend bio-geochemischen Inhalten und der Einbeziehung weiterer neuer Wissensgebiete", wie Mitläufer Professor Mojib Latif das Ganze nennt,[13] ist längst

---

[13] Mojib Latif: Globale Erwärmung. Stuttgart (Ulmer) 2012, S. 9 – 10.

vollzogen. So klingt aber nichts desto trotz wirklich alles sehr viel wissenschaftlicher und kompetenter, denn schon unter dem Namen dieses Monsters kann sich kein Außenstehender mehr etwas Konkretes vorstellen. Die eigentlich kompetente Klimatologie jedenfalls ist seitdem fürs Erste als Karteileiche im Aktenkeller der Wissenschaftsgeschichte gelandet.

Gleichzeitig hat sich natürlich auch das Anforderungsprofil der neuen klimaforschenden Generation grundlegend gewandelt, wenn es um das Personal geht, welches Erdsystemforschung mit bio-geochemischen Inhalten zu bewältigen im Stande sein soll. Echte Geowissenschaftler haben da keine Perspektiven mehr. „Die meisten in der Klimaforschung tätigen Wissenschaftler haben Meteorologie, Ozeanographie oder Geophysik studiert … Hinzu kommen Seiteneinsteiger aus der Physik, der Mathematik oder aus anderen naturwissenschaftlichen Fächern wie etwa der Chemie oder der Biologie. Insbesondere auch das Studium der Geologie ermöglicht den Einstieg in die Klimaforschung."[14] Vermutlich wäre auch gegen Wirtschaftswissenschaftler nichts einzuwenden, wenn man Klimaschutzpakete schnüren möchte oder CO_2-Zertifikate im Blickfeld hat. Denn auch auf diesem Fachgebiet verfügt Latif über Grundkenntnisse.

Was aber kann diese neue Klimaforschung an klimarelevanten Ergebnissen vorlegen, die über das hinausgehen, was in der traditionellen Klimatologie ohnehin schon längst besser bekannt war? Denn daran muss sie sich letztendlich ja wohl messen lassen.

Abgesehen von einigen sehr bedeutsamen ozeanischen Phänomenen mit globalen klimatologischen Auswirkungen, wie z.B. der thermohalinen Zirkulation, eigentlich nix. Die ungezählten Modellrechnungen zur Klimaprognose sind nichts weiter als nutzlose Makulatur, allenfalls virtuelle Spielereien, die uns aber keinen Deut weiterbringen. Meteorologen können gerade einmal das Wetter für maximal drei Tage einigermaßen verlässlich prognostizieren. Wie soll es da funktionieren, die globale Klimaentwicklung über Jahrhunderte vorherzusagen?

---

[14] Ebda.

Wohl deshalb ruderte man zwischenzeitlich zurück und spricht heute längst nicht mehr von Klimaprognosen, sondern von Klimaprojektionen, weil man eben leider die Randbedingungen eines Prognosemodells, beispielsweise etwa die zukünftige Entwicklung der Treibhausgasemissionen oder die Genese und Dynamik der Wolkenbildung, fast nicht und schon gar nicht genau abschätzen kann, geschweige denn kennt. Auch bei der Quantifizierbarkeit der Treibhauswirkung von CO_2 ist man bei den Klimaforschern – vermutlich sogar gewollt – noch im vorigen Jahrhundert stehen geblieben. Gewollt deshalb, weil sich andernfalls das Erwärmungsevangelium nicht länger halten ließe. Man müsste den Boden des allmächtigen Weltklimarats verlassen.

Allein mit globalen oder hemisphärischen Mittelwerten der Temperatur kann man keinerlei Vorhersagen zu räumlichen Auswirkungen von Klimawandel berechnen. Da braucht es schon erheblich mehr an geographischer Sachkenntnis. Aber gerade daran mangelt es dem modernen Klimaforscher von heute in aller Regel ganz erheblich. Und weil es sich beim Klimasystem und erst recht beim Erdsystem um hochgradig nichtlineare Wirkungs- und Rückkopplungsvorgänge handelt, kann man momentan ohnehin kein einziges der hochtrabenden Klassenziele wirklich erreichen. Es ist nach heutigem Kenntnisstand unmöglich, die Gesamtheit aller Interdependenzen datentechnisch korrekt zu erfassen oder auch nur abzuschätzen. Ganz offensichtlich haben sich die Neoklimatologen ganz gehörig überhoben!

Nicht nur mancher Klimatologe, sondern erst recht der Laie fragt sich, was die bewusste Massenproduktion von wissenschaftlichen Datenfriedhöfen in Form von schönen Computermodellen für einen Sinn machen soll. Oder welchen Sinn Klimaforschung macht, deren erklärtes Hauptanliegen es ist, nutzlose Klimaprojektionen[15] zu entwickeln.[16] Was wollen klimaforschende Modellathleten eigentlich erreichen?

---

[15] Mojib Latif: Globale Erwärmung. Stuttgart (Ulmer) 2012, S. 28.

[16] Man nimmt ganz bewusst Abstand von dem Begriff ‚Klimaprognose‘, weil man das Wetter nur drei Tage im Voraus treffsicher prognostizieren kann. Wie aber soll das ausgerechnet

Handfeste Insiderantworten auf diese Frage geben die beiden Klimaforscher Hans von Storch und Werner Krauß in ihrem Buch „Die Klimafalle".[17] „Die Klimaforschung wurde von der Politik gekidnappt, um ihre Entscheidungen als von der Wissenschaft vorgegeben und als alternativlos verkaufen zu können." Aus dieser Zwangslage heraus haben sich „kollektive Verachtungsrituale" entwickelt, welche die Klimadebatte vergiften! Eine solch mutige und kompromisslose Einschätzung aus der Feder von Insidern verlangt echte Bewunderung ab. Endlich fängt einmal einer an, die Wahrheit offen auf den Tisch zu legen.

Der kometenhafte Aufstieg des PIK, die Unterwanderung der deutschen Klimalandschaft durch PIK-Seilschaften und die exklusive PIK-Klimaberatung der Bundesregierung bedürfen vor diesem Hintergrund keines weiteren Kommentars mehr. Bleibt nur, deutlich festzuhalten, dass diese Entwicklung große Schäden hinterlassen hat und hinterlassen wird, weil sie die Richtlinien der deutschen Klimapolitik mit geradezu an Hochstapelei erinnernden Mitteln in die falsche Richtung gelenkt hat. Das ist so schnell nicht wiedergutzumachen!

Ungeachtet des Mangels an verwertbaren Forschungsergebnissen nutzt Hans Joachim Schellnhuber die selbst mit Akribie angeheizte allgemeine Klimahysterie, um noch weiter und intensiver ins Klimageschäft einzusteigen. Sein größter und zugleich wissenschaftlich inkompetentester, wenngleich publikumswirksamster Coup ist sein Aufstieg zum „Mister zwei Grad", wie nachfolgendes Zitat aus der WELT[18] erhellen mag:

„An einem Spätsommerabend im Jahr 1993 schrieb ich – möglicherweise – Weltgeschichte." So beginnt Schellnhuber sein Kapitel „Zwei Grad Celsius"[19]. Andere meinen solche Sätze ironisch.

---

bei der Summe von Wetter, dem Klima, langfristig funktionieren?

[17] Hans von Storch u. Werner Krauß: Die Klimafalle. München (Hanser) 2013.

[18] Schellnhubers unverhohlener Antrag auf den Nobelpreis. In: Die WELT vom 25. November 2015.

[19] Hans Joachim Schellnhuber: Selbstverbrennung: Die fatale Dreiecksbeziehung zwischen Klima, Mensch und Kohlenstoff. München (C. Bertelsmann) 2015.

Dieser Autor nicht. Wer oder was ihn wohl zum Einschub „womöglich" veranlasst hat? Ist er überhaupt ernst gemeint? Ein paar Absätze weiter führt er aus, wie er persönlich „den ebenso tollkühnen wie unvermeidlichen Versuch unternommen hatte, eine explizite, vernunftgeleitete Umgrenzung des akzeptierbaren Bewegungsraums der menschengemachten Erwärmung zu skizzieren". 1,5° C plus 0,5° C ergibt 2° C, hatte er ausgerechnet.
Schellnhuber beansprucht sozusagen, der „Mister zwei Grad" zu sein. Der Mann, der der Weltgemeinschaft das Jahrhundertziel formuliert hat: Du sollst die Erde um nicht mehr als 2° C erwärmen. Und seither gilt dieses Gebot als Grundlage im Klimazirkus, als Ziel, als Chiffre für das Erreichbare, aber auch als Scheidepunkt für Weltrettung oder Weltuntergang. Von Schellnhuber entdeckt. Die Erlösung per Registered Trademark.
„Viele Jahre lang wurde insbesondere ich persönlich als Urheber der Grundidee dafür heftig angegriffen", klagt er, von Wirtschaftswissenschaftlern, anderen Klimaforschern und den Medien. Doch er sei „ganz zufrieden damit, als ‚Vater des 2-Grad-Ziels' von den Klima-Abwieglern an den Pranger gestellt zu werden."
Der große Warner, der die Menschheit zur Wende zwingt, was wäre er, stünde es nicht so schlimm mit der Welt? Wie groß denn da die Versuchung sei, „jene Indizien zu verschweigen, nach denen der Klimawandel weniger schlimm ausfallen könnte?", wollte der Spiegel kürzlich von ihm wissen. „Die Gefahr selektiver Wahrnehmung besteht", gesteht Schellnhuber immerhin mit nobler Geste ein, „aber ich hoffe sehr, dass ich streng genug mit mir selbst ins Gericht gehe, um dieser Versuchung niemals nachzugeben." Aber gelingt ihm das immer?
Jedermann kann heute im Internet einen TV-Spot anschauen mit einem Interview des Bayrischen Rundfunks, in dem Schellnhuber mit ernster Miene und vor allem sehr selbstsicherem Tonfall feststellt, dass die großen Himalaya-Gletscher „in dreißig, vierzig Jahren verschwinden", und noch hinzufügt: „Das kann man ganz leicht ausrechnen", zweieinhalb Milliarden Menschen, sagte er, würden da ihre sichere Trinkwasserversorgung verlieren. Bei zwei Grad Erwärmung „würde das mit Sicherheit passieren". Im Report

war als Datum für ein weitgehendes Abschmelzen das Jahr 2035 genannt. Gemeint war aber das Jahr 2350, und auch diese Angabe hatte der Weltklimarat, der sich eine wissenschaftliche Kompetenz wie kein anderes Gremium zugutehält, nicht wissenschaftlich ergründet, sondern einfach aus einer Broschüre des WWF abgeschrieben.[20]

Als Fazit bleibt die Feststellung, dass sich die einstigen Hilfswissenschaften der Klimatologie im Zuge des Klimawandels ganz offenkundig in Nestflüchter verwandelt haben, die im Anschluss sogleich das Zepter in Form von Klimaforschung in die Hand genommen haben. Mit gutem Erfolg, wie man heute sieht, denn Meteorologen und vor allem Geographen haben bis dato schweigend zugeschaut, wie ihnen fachfremde Seiteneinsteiger äußerst öffentlichkeitswirksam und mit größtem Geschick die Butter vom Brot genommen haben. In Politik und Öffentlichkeit fällt das nicht weiter auf, denn niemand stellt offen die Frage, warum die deutsche Klimaforscherelite größtenteils noch nicht einmal vom Fach ist. Niemand bemerkt, dass fast alle Seiteneinsteiger noch nicht einmal eine synoptische Karte lesen können. Schlussendlich geht die Politik ja auch selbst mit besten Beispielen voran. Offen gefragt: Welcher Minister hat denn heute noch wirkliche Fachkompetenz?

1.4 Viele Köche verderben den Brei: der fragwürdige Weltklimarat (IPCC)

Seit den 1980er Jahren haben sich möglicher anthropogen verursachter Klimawandel und globale Erwärmung zunächst langsam, aber sicher zu einem hochaktuellen, ja sogar brisanten Thema entwickelt, welches schon bald nicht mehr nur Klimawissenschaftler umtreibt, sondern auch solche, die sich selbst für solche halten. Das Klimaproblem wurde angesichts erster deutlicher Anzeichen einer beginnenden globalen Erwärmung in Windeseile zu einem

---

[20] Schellnhubers unverhohlener Antrag auf den Nobelpreis. In: Die WELT vom 25. November 2015.

Brennpunkt öffentlichen Interesses, ja sogar zur Menschheitsfrage, und beschäftigt längst auch ganze Heerscharen von Händen ringenden Politikern rund um den Globus. Es entwickelte sich – offenbar von schlechtem Gewissen und Schuldbewusstsein gesteuert – eine richtiggehende Klimahysterie.

Fast jedermann lauschte anfänglich verängstigt, aber vertrauensvoll den wissenschaftlich begründeten Erkenntnissen und Warnungen der Klimawissenschaft. Sichtbarster Ausdruck dieser auf der Glaubwürdigkeit der Klimatologie basierenden Entwicklung war 1988 die Gründung des auch als Weltklimarat bezeichneten Intergovernmental Panel on Climate Change (IPCC), zu Deutsch „Zwischenstaatlicher Ausschuss für Klimaveränderungen", mit Sitz im schweizerischen Genf. Träger dieses Gremiums sind das Umweltprogramm der Vereinten Nationen (UNEP) und die World Meteorological Organization (WMO), die ebenfalls zur UNO gehört.

Das Aufgabenspektrum des IPCC fasst der SPIEGEL ONLINE 2010 kurz und prägnant zusammen. Der Weltklimarat „soll umfassend, objektiv und ergebnisoffen die wissenschaftlichen, technischen und sozio-ökonomischen Informationen über den von Menschen verursachten Klimawandel bewerten. Das Gremium, dem Hunderte von Wissenschaftlern in aller Welt zuarbeiten, soll versuchen, die Folgen und Risiken der Klimaveränderung abzuschätzen und ausloten, wie man sie abschwächen oder sich zumindest an sie anpassen kann. Der IPCC führt keine eigenen Forschungsprojekte durch, sondern analysiert die Ergebnisse wissenschaftlicher Veröffentlichungen, die dem Peer-Review-Verfahren – der Prüfung von Fachartikeln durch unabhängige Gutachter – gefolgt sind."[21]

All das war vermutlich gut gemeint. Kritisch anzumerken ist an dieser Stelle jedoch Zweierlei: Erstens, dass das IPCC von Anbeginn die Existenz eines menschgemachten Klimawandels unwiderruflich als gegeben voraussetzt. Zweitens, dass ein Peer-Review-

---

[21] http://www.spiegel.de/wissenschaft/natur/forscherskandal-heisser-kriegums-klima-a-a-688175.html

Verfahren die etablierten, also begutachtenden Forscher ganz offensichtlich bevorteilt. Sie werden natürlich ein typisches „Revierverhalten" entwickeln und hinter den Kulissen ein äußerst wirksames Kartell aufbauen, so dass anders denkende Forscher als Outsider ganz einfach unterdrückt oder, anders ausgedrückt, regelrecht abgewürgt werden. Es findet ganz automatisch eine geistige Inzuchtdegeneration statt. Damit beraubt sich der Weltklimarat in aller Öffentlichkeit weitestgehend seiner neutralen Objektivität und vor allem großer Teile seiner Glaubwürdigkeit.

Kein Geringerer als der weltweit bekannteste und unter Experten anerkannteste Geologe Nils-Axel Mörner konstatierte jüngst in einem Zeitungsinterview, dass es grundsätzlich so ist, „dass die meisten Herausgeber von Wissenschafts-Magazinen keine Arbeiten mehr akzeptieren, die den Behauptungen des Weltklimarats entgegenstehen – unabhängig von der Qualität dieser Arbeiten… Mich kann man nicht stoppen. Ich habe bis heute etwa 650 wissenschaftliche Arbeiten publiziert. Aber junge Kollegen, die kritisch denken, haben angesichts der Manipulationen keine Chance…In Wahrheit lehnt die Mehrheit der Forscher die Behauptungen des Weltklimarats ab, je nach Fachgebiet sind es zwischen 50 und 80 %. Nur die Meteorologen stimmen fast zu 100 Prozent mit dem IPCC überein. Aber diese Leute sind finanziell vom IPCC abhängig.[22]

Der erste Klimareport des IPCC stammt aus dem Jahr 1990. Hier war mit Blick auf die globale Erwärmung noch von einem natürlichen Vorgang die Rede, der durch die anthropogenen Treibhausgasemissionen überlagert und verstärkt werde. Der Bericht von 2007 liest sich dagegen gänzlich anders. Er schreibt die zunehmende Klimaerwärmung einzig und allein dem Menschen zu. Ausgeklügelte Computermodelle sowie zahllose Messreihen und Studien, in sechsjähriger Arbeit von über 2.500 Spezialisten durchgeführt, sollen diese weittragende und weltweit beachtete Aussage belegen, wenn nicht gar beweisen. Ob das so möglich ist, wird an dieser Stelle allerdings stark in Zweifel gezogen, denn Klima ist von Natur aus alles andere als ein statischer Zustand der Atmosphäre.

---

[22] Basler Zeitung, Interview vom 1. Februar 2018.

An dieser Problematik sind schon die Schellnhuberschen Modellathleten gescheitert.

In den Augen von Hans von Storch und Werner Krauß ist dieser hier angesprochene vierte Sachstandsbericht denn auch nichts weiter als eine „Gemeinschaftsproduktion von Wissenschaft und Politik".[23] Und so etwas behaupten zwei mutige Klimaforscher, denen offensichtlich objektive und ergebnisoffene Wissenschaft viel näher am Herzen liegt als dem allgewaltigen IPCC. Ein Armutszeugnis für diese Institution, die ihre weitere Existenzberechtigung arg in Misskredit gebracht hat. Es verwundert jedenfalls nicht weiter, dass bei 195 beteiligten Regierungen und mehreren tausend Wissenschaftlern aus aller Herren Länder nicht viel mehr als faule Kompromisse herauskommen. Mit der fachlichen Kompetenz der für die Organisation tätigen Wissenschaftler scheint es ohnehin nicht sehr weit her zu sein. Wie sonst ist es zu erklären, dass sie die großspurig angekündigte Erwärmung in den vergangenen Jahren mehrmals reduziert haben, wo es doch sowieso offensichtlich ist, dass CO_2 auf keinen Fall eine Klimasensitivität besitzt, die das Weltklima ernsthaft in Gefahr bringen könnte.

1.5 Die Medienwelt: dummdreiste Horrormärchen geowissenschaftlicher Laien

Das ganze heutige Klimatheater stinkt nach unseren bisherigen Einblicken penetrant nach einer Gemeinschaftsproduktion von Wissenschaft und Politik gen Himmel. Es hat sich unter der Schirmherrschaft des allmächtigen, politisch verbrämten Wissenschaftsmollochs IPCC zu einem globalen Dogma entwickelt, dessen absolute Wahrheiten heute jedes Schulkind herunterbeten kann wie einstmals fromme Bibelsprüche. Auf diesem Level bewegt sich dieser Klimakult mittlerweile auch innerhalb unserer Medienlandschaft. Ich beziehe mich hier ausdrücklich nicht auf alle Journalisten, aber auf deren weit überwiegende Mehrheit.

---

[23] Hans von Storch u. Werner Krauß: Die Klimafalle. München (Hanser) 2013.

Was wäre denn dieses sorgfältig gesponnene IPCC-Netzwerk ohne die Mitarbeit der Medien, die sich vor diesen Karren spannen lassen, überhaupt wert? Es wäre zur Bedeutungslosigkeit verurteilt! Mich packt angesichts dieser Verstrickungen fast täglich das kalte Grausen, wenn ich die Zeitung aufschlage oder das Fernsehgerät einschalte. Gleiches gilt, wenn es um die Inhalte geht, die dort mit geradezu unverfrorener Frechheit zum Besten gegeben werden.
Um diese Einschätzung näher zu erläutern, möchte ich einige TV-Beispiele, die am 16. August 2019 bei Phoenix über den nächtlichen Bildschirm angeliefert wurden, stellvertretend für viele journalistische Klimahandstände herausgreifen.

1.5.1 Kiribati – Ein Südseeparadies versinkt angeblich im Meer

Der Filmbericht mit dem niederschmetternden obigen Titel stammt von Markus Henssler, einem „deutschen Autor, Journalist, Regisseur und Reporter, der nach dem Berufskolleg zunächst bei RTL Radio Stuttgart volontierte und anschließend bei Antenne 1 einstieg. Alsbald begab er sich auf eine eineinhalbjährige Weltreise. Dort bekam er die Inspiration und die Ideen für spätere Reportagen"[24]. So weit, so gut…
Ohne Umschweife kommt der „Klimaexperte" in seinem Film auf die naive Tour zur Sache und offenbart sogleich, was ihn auf seiner Weltreise inspiriert hat: das schon zum x-ten Mal wiedergekaute Hotspot-Thema des IPCC, welches weiland schon vom SPIEGEL aufgespürt wurde, als auf dem Titelfoto der Kölner Dom halb überflutet aus dem Meer aufragte und in den Fluten zu versinken drohte.[25] Ein Zitat aus der Südseereportage verschafft Klarheit:
„Das Inselreich Kiribati mitten im Südpazifik zwischen Australien und Hawaii ist an Schönheit und Faszination kaum zu überbieten. Auf einer Meeresfläche von 5,2 Millionen Quadratkilometern

---

[24] https://de.wikipedia.org/wiki/Markus_Henssler
[25] Der Spiegel 33/1986.

verteilen sich 32 kleine Atolle mit weißen Stränden und blauen Lagunen – sie bilden den weltweit größten, nur aus Atollen bestehenden Staat. Nach Prognosen der Vereinten Nationen droht Kiribati aufgrund des Klimawandels im Meer zu versinken – bereits in 30 oder 40 Jahren könnte dieses Paradies verschwunden sein. Denn die Inseln erheben sich kaum mehr als zwei Meter über den Meeresspiegel."

Ein interviewter Inselbewohner verdeutlich die ausweglose Situation: „Hier war früher ein großes Dorf mit 70 Familien", sagt Kaboua und deutet auf die leere, öde Fläche um ihn herum. Nur ein paar Palmenstümpfe erinnern daran, dass hier einmal Leben möglich war. Mittlerweile kann man den Ort nur bei Ebbe betreten, bei Flut steht alles unter Wasser. "Der Meeresspiegel steigt kontinuierlich und frisst unser Land. Die einzige Option für uns ist auszuwandern. Aber wir wollen hier in unserer Heimat bleiben." Wer solchem Dahergerede Glauben schenkt, wird mit Sicherheit zu Tränen gerührt sein über das unabwendbare Schicksal der Südseebevölkerung. Und richtige Angst wird sich auch hinzugesellen, denn man muss ja sofort an die vielen Millionen Klimaflüchtlinge denken, die sich in Kürze Richtung Deutschland aufmachen werden, um dem Tod durch Ertrinken zu entgehen!

Nicht minder Furcht erregend war vor einigen Jahren eine Sendung in ZDFinfo, in der die bis zur Halskrause abgesoffene Freiheitsstatue von New York nebst der aus den Fluten ragenden Kuppel des Petersdoms gezeigt wurde.

Derlei apokalyptische Drohungen hat es schon seit den Anfängen der Menschheitsgeschichte gegeben und wird es auch weiterhin immer geben, sei es als simpler Ausdruck der Lust am Untergang oder gar als ein Mittel, Macht über seine Mitmenschen auszuüben. Wer Angst und Schrecken sät, der wird gehört. In diesem Sinne überbieten sich manche Medien gegenseitig mit immer haarsträubenderen Katastrophengesängen, die außerhalb jedweder wissenschaftlichen Realität und Vernunft stehen. Jeder Sturm, jeder Hagelschlag, jedes Hochwasser, ja sogar antarktische Schneestürme, milde Winter oder heiße Sommer werden, wie könnte es anders sein, dem Klimawandel zugeschrieben. Egal ob richtig oder falsch.

Hauptsache, der Bericht gelangt wirkungsvoll in die Köpfe eines erfolgreich verarschten Publikums.

Aber betrachten wir nun die wissenschaftliche Realität. Steht es wirklich so schlimm um Kiribati, den Rest der Südseeinseln und die Malediven? Der wohl kompetenteste Spezialist für eustatische Meeresspiegelschwankungen ist der schwedische Geologe Nils-Axel Mörner. Er gab der Basler Zeitung ein sehr aufschlussreiches Interview zum allgemeinen Thema „globale und regionale Meeresspiegelschwankungen", welches sich an dieser Stelle als Lektüre anbietet (mit freundlicher Genehmigung der Basler Zeitung):

Interview der Basler Zeitung vom 1. Februar 2018

Herr Mörner, Sie waren in letzter Zeit mehrmals auf der Inselgruppe Fidschi im Südpazifik, um dort Veränderungen der Küsten und des Meeresspiegels zu erforschen. Warum Fidschi?

Ich wusste, dass es im Juni 2017 in New York eine Wissenschaftskonferenz gibt, die sich mit Meeresspiegel-Veränderungen auf Fidschi befasst. Und es war bekannt, dass der Inselstaat den Vorsitz der 23. Weltklimakonferenz haben wird, die im letzten November in Bonn stattfand. Fidschi rückte also in den Fokus des Interesses. Man hörte, dass der steigende Meeresspiegel dort schon viel Schaden angerichtet habe. Ich wollte mit eigenen Augen überprüfen, ob das stimmt.

Was machte Sie skeptisch?

Ich habe mein ganzes Leben lang zu Veränderungen des Meeresspiegels geforscht und dazu 59 Länder bereist. Kaum ein anderer Forscher hat so viel Erfahrung auf diesem Gebiet. Der Weltklimarat (IPCC) aber hat die Fakten zu diesem Thema immer schon falsch dargestellt. Er übertreibt die Risiken eines Pegelanstiegs gewaltig. Das IPCC stützt sich insbesondere auf fragwürdige Computermodelle statt auf Feldforschung ab. Ich aber will immer wissen, was Sache ist. Darum ging ich nach Fidschi.

Laut ProClim, der Schweizer Plattform für Klimaforschung, gibt es auf Fidschi aber Messreihen, die einen starken Anstieg des Meeresspiegels in den letzten Jahrzehnten zeigen. Konkret sei der Pegel seit 1990 jährlich um 5,4 Millimeter gestiegen, was doppelt so viel wie im weltweiten Schnitt sei.

Ja, ich kenne diese Messungen. Es handelt sich um zwei Aufzeichnungsreihen der Gezeitenhöhen, also von Wasserständen bei Ebbe und Flut. Wir haben diese Daten überprüft – mit dem Ergebnis, dass sie von sehr schlechter Qualität sind. Die eine Reihe ist dadurch beeinflusst, dass in der Nähe der Messstation Hafenanlagen auf lockerem Sedimentboden gebaut wurden, was die Gezeitenhöhen verändert haben könnte. Bei der anderen Reihe wurde die Messstation sogar örtlich verschoben. Die Forscher, die sich auf solche Daten verlassen, sind Bürotäter. Sie sind nicht spezialisiert auf küstendynamische Prozesse und Meereshöhen-Veränderungen. Viele von ihnen haben von den realen Verhältnissen keine Ahnung.

Wie sind Sie vorgegangen, um bessere Daten zu bekommen?
Wir sind einerseits den angeführten Beispielen nachgegangen, wo die Erhöhung des Meeresspiegels zu Küstenerosion geführt haben soll. Das Resultat war, dass die Erosion durch Eingriffe des Menschen verursacht worden ist – etwa durch neue Küstenbauten, die die Wasserströmungen veränderten, oder die verstärkte Ernte von Seegurken, was den Meeresuntergrund destabilisiert haben könnte. Um Veränderungen des Meeresspiegels der letzten 500 Jahre zu belegen, haben wir Sandablagerungen datiert, um zu sehen, wann sie entstanden sind. Zudem haben wir die Ausbreitung von Korallen in den letzten Jahrhunderten erforscht. Typischerweise wachsen Korallenriffe in die Höhe, wenn der Meeresspiegel steigt, und in die Breite, wenn dieser konstant bleibt. Sinkt der Pegel, sterben Korallen ab. Korallen lügen nicht, sie sind ein zuverlässiger Indikator – viel verlässlicher als Gezeitenmessungen.

Was war das Ergebnis?
Wir konnten nachweisen, dass der Meeresspiegel auf Fidschi ab 1550 bis etwa 1700 rund siebzig Zentimeter höher lag als heute. Dann sank er ab und war im 18. Jahrhundert etwa fünfzig Zentimeter tiefer als heute. Anschließend stieg er auf etwa das heutige Niveau. In den letzten 200 Jahren hat sich der Pegel nicht wesentlich verändert. Während der letzten 50 bis 70 Jahre war er sogar absolut stabil.

Waren Sie überrascht?
Nicht wirklich. Es war ja nicht das erste Mal, dass sich die Behauptungen des Weltklimarats als falsch herausstellten.

Fidschi ist aber nur eine einzige Inselgruppe. Möglicherweise ist die Situation an anderen Orten anders.
Es gibt ja auch Daten von vielen anderen Orten der Welt. Diese bestätigen mitnichten das Bild, das der Weltklimarat zeichnet. An gewissen Orten steigt der Meeresspiegel zwar tatsächlich an, an anderen Orten aber ist er stabil, und anderswo sinkt er sogar. Im Indischen Ozean und an der Atlantikküste Südamerikas etwa ist der Spiegel konstant. Auch auf südpazifischen Inseln wie Tuvalu und Kiribati bestätigen Messungen die ständigen Warnungen vor einem Untergang dieser Inselgruppen nicht. Sicher trägt das Meer da und dort die Küsten ab, aber anderswo wachsen Inseln auch. Das war schon immer so.

Warum warnen denn viele Klimaforscher vor versinkenden Inseln?
Weil sie eine politische Agenda haben. Sie sind von der Deutung voreingenommen, der Mensch bewirke den Klimawandel, und das sei eine Bedrohung. Der Weltklimarat wurde ja mit dem Zweck gegründet, den menschengemachten Klimawandel darzustellen und vor ihm zu warnen. Sein Ziel stand also von Anfang an fest. Und er hält daran fest wie an einem Dogma – egal, wie die Fakten sind. Als Spezialist für Entwicklungen des Meeresspiegels stellte ich in den letzten Jahren immer wieder fest, dass das Team des IPCC zu diesem Aspekt keinen einzigen Experten auf diesem Gebiet umfasst.

Gibt es denn gar kein Problem mit dem Anstieg des Meeresspiegels?
Nein.

Keine Gefahr, dass Inseln untergehen könnten?
Die Untergangsszenarien beziehen sich ja meist auf das Jahr 2100. Ich schätze, dass der Meeresspiegel bis dann im Schnitt um fünf Zentimeter steigen wird, mit einer Unsicherheit von 15 Zentimetern. Die Veränderung geht also von plus 20 Zentimeter bis minus 10 Zentimeter. Das ist wahrlich keine Bedrohung. Wer behauptet,

es drohe ein Anstieg um einen Meter oder ähnlich, hat keine Ahnung von Physik.

Aber es strömt doch viel Schmelzwasser von Gletschern und Eisschilden ins Meer?

Viel weniger, als man meint. In der Antarktis schmilzt insgesamt kein Eis. Wenn in der Arktis Eis schmilzt, verändert das den Meeresspiegel nicht – denn schwimmendes Eis beeinflusst gemäß den Gesetzen der Physik beim Schmelzen den Pegel nicht. Im Wesentlichen trägt damit nur schmelzendes Eis auf Grönland zu einer Pegelerhöhung bei. Aber dieser Beitrag ist klein.

Meerwasser erwärmt sich und dehnt sich dabei aus, was den Spiegel erhöht.

Das stimmt, aber es geht hier ebenfalls nur um wenige Zentimeter, nicht um Dezimeter oder gar Meter. Grundsätzlich gibt es viel wichtigere Einflüsse, die die Höhe des Meeresspiegels beeinflussen, insbesondere die Sonneneinstrahlung. Es gibt auch bedeutende horizontale Wasserverschiebungen, von den einen Weltmeeren in andere. Wie die Daten auf Fidschi zeigen auch diejenigen von den Malediven, dass die Pegel im 17. Jh. klar höher als heute lagen. Das war bezeichnenderweise die Zeit, als es auf der Nordhemisphäre kalt war, man spricht von der Kleinen Eiszeit. Damals war die Sonneneinstrahlung geringer als heute. Es war das große solare Minimum. Es scheint so zu sein, dass tiefe Sonneneinstrahlung mit hohen Pegelständen in den Tropen einhergeht – und umgekehrt. Die Meerespegel scheinen vor allem von der Oszillation der Solarzyklen abzuhängen und kaum von schmelzendem Eis.

Über dieses aufschlussreiche Interview hinaus muss an dieser Stelle noch ein weiterer Aspekt des Problems angesprochen werden. Aus der TV-Dokumentation ging hervor, dass die Inselbewohner mittlerweile Schutzmauern errichten, um ihre Grundstücke vor den immer höher auflaufenden Fluten zu schützen. Das deutet für den Laien natürlich einzig und allein in Richtung Anstieg des Meeresspiegels. Auch die Zunahme des Korallenwachstums in die Höhe weist eindeutig in diese Richtung. Und Korallen lügen ja bekanntlich nie. Sie sterben oberflächlich ab bei Senkung des Meeresspiegels, sie wachsen in die Breite bei stagnierendem Wasserstand, und sie wachsen in die Höhe bei einem Anstieg des Pegels. Also steigt das Meer in Kiribati doch? Vorbehaltlich genauer Messungen lässt sich diese Frage mit ja beantworten. Aber nach den obigen Ausführungen von Nils-Axel Mörner auf jeden Fall **ohne** Klimaeinfluss!

Werfen wir einen Blick auf die allgemeine Situation von Kiribati. Es handelt sich um einen Inselstaat in der Südsee, welcher sich etwa auf halbem Weg zwischen Australien und Hawaii beiderseits des Äquators erstreckt. Er besitzt eine Ost-West-Erstreckung von 4576 km und eine Nord-Süderstreckung von 2051 km und besteht im Wesentlichen aus 32 Atollen, die sich nur an die zwei bis maximal acht Meter hoch aus dem Pazifik erheben. Sie bestehen aus Korallenkalkstein, auf dessen Oberfläche sich nur stellenweise Boden gebildet hat.

Die Korallenbänke, und jetzt kommt die Lösung, sitzen auf erloschenen untermeerischen Vulkanbergen, deren nicht weit unter der Wasseroberfläche liegende Gipfel eine ebene Fläche bilden. Diese untermeerischen Ebenen sind ehemalige Abrasionsplattformen, die durch die Erosionsarbeit des anbrandenden Ozeans entstanden sind. Die Vulkanoberflächen müssen sich also in geologischer Vorzeit schon einmal dicht über der Meeresoberfläche befunden haben. Aufgrund ihres enormen Eigengewichtes sind diese 3000 – 4000 m hohen Bergriesen im Lauf von Jahrtausenden mit ihren dem Meeresboden aufsitzenden Sockeln langsam in die plastische Erdkruste eingesunken. Ähnlich, nur sehr viel schneller, tauchen auch Schiffe beim Beladen tiefer ins Wasser ein. Ihren Gipfelaufbau besiedelten Korallenstöcke, deren Wachstum mit der Absinkgeschwindigkeit Schritt halten konnten. Nach Beendigung der Absinktendenz starben die Korallen an der Oberfläche ab und dehnten sich mehr in die Breite aus.

Der Absinkprozess der Guyots – so nennt man diese Art von submarinen Vulkanen – ist jedoch bis heute noch nicht überall gänzlich oder gar endgültig zum Stillstand gekommen. Wie das in der Geologie so spielt! Und wenn heute solche Landabsenkungen nach einer gewissen Ruheperiode wieder eintreten, dann ist natürlich der Klimawandel die Ursache. Zumindest bei Reportern, die nicht gründlich recherchieren, weil die Ergebnisse durch sogenannte Klimaforscher und das IPCC schon vorgegeben sind.

Abschließend möchte ich noch auf einen weiteren, nur sehr selten vor der Öffentlichkeit erwähnten Aspekt hinweisen. Worum es hier geht, verdeutlich ein kurzer Erlebnisbericht Mörners. Er besuchte die Malediven mit seinem wissenschaftlichen Team, um dort Geländeerhebungen durchzuführen zu der Frage, ob auf der Inselgruppe im Indischen Ozean Belege für einen Anstieg des Meeresspiegels existieren. Gefunden wurde nicht der geringste Hinweis auf die vom IPCC lauthals verkündete baldige Überflutung der Inseln. Über dieses absolut hocherfreuliche Ergebnis seiner Untersuchungen wollte er auf gar keinen Fall nur in einer wissenschaftlichen Zeitschrift berichten. Damit, so glaubte er, würde er die Inselbevölkerung respektlos behandeln. Nein, er wollte die für jeden Einwohner der Malediven hocherfreuliche und Erleichterung verschaffenden Forschungsergebnisse gerne im lokalen Fernsehen bekanntgeben, nach dem Motto „schaut her, euer wunderschöner Archipel befindet sich in keinerlei Gefahr, schon bald überflutet zu werden. Entwarnung!!!". Aber man höre und staune. Die Sendung wurde von der Regierung untersagt!

Die Frage nach dem Warum ist schnell beantwortet. Die Schlitzohren wollten keine der zugesagten Hilfsmittel verlieren, wie sie von den angeblich Schuldigen Verursachern der Klimaerwärmung zugesagt sind. Deshalb musste das Ammenmärchen vom Meeresspiegelanstieg bestehen bleiben, ein Szenario, das lediglich in Computermodellen existiert, durch Beobachtungsdaten jedoch nicht verifizierbar ist.

1.5.2 Klimafluch und Klimaflucht am Beispiel des Sahel

Im Anschluss an die Südsee ging es dann mit Thomas Aders zunächst ins tropische Afrika, genauer gesagt in den Sahel. Bei Herrn Aders haben wir es nun mit einem Schwergewicht aus der TV-Branche zu tun, der schon langjährig weltweit für das Fernsehen als Reporter und Korrespondent tätig ist. Im Jahr 2018 beschäftigte er sich laut Wikipedia schwerpunktmäßig mit der

Veränderung des Klimas und den Auswirkungen auf die Lebensbedingungen in den europäischen Alpen und dem Phänomen der Umweltmigration. Für einen Themenabend bei arte bereiste er den Tschad und Kamerun in der Sahelzone, Indonesien und die Gebiete des Permafrosts in der russischen Provinz Sacha (Jakutien). In Zusammenarbeit mit Experten der Internationalen Organisation für Migration in Berlin, Genf und N'Djamena geht es um den Zusammenhang zwischen „Klimafluch und Klimaflucht.

Als Betrachter seiner Dokumentation war ich einigermaßen enttäuscht, ja sogar entsetzt über den naiv daher geschwätzten geographischen Blödsinn, den Herr Aders hier öffentlich verzapft. Er selbst und auch die Experten der oben zitierten Organisation können, am Inhalt der Sendung gemessen, auf gar keinen Fall Experten sein. Ich werde das im Folgenden noch belegen. Es werden lediglich die haltlosen und gehaltlosen Phrasen der Klimaszene – IPCC und Klimaforscher eingeschlossen – kritiklos nachgebetet und dem Publikum als die absolute Wahrheit präsentiert. Bloße Behauptungen, fragwürdige Ursachenzuweisungen, keine Belege. Nicht mehr und nicht weniger.

Sicherlich kann Herr Aders kein Fachmann oder gar Experte auf dem Gebiet der Klimageographie sein, wenn er sich 2018 eben mal schwerpunktmäßig mit der Materie beschäftigt hat. Es gibt ja bekanntlich Fachleute, die das mindestens fünf bis sechs Jahre lang an wissenschaftlichen Hochschulen studiert haben und weiterhin über 20 oder mehr Jahre Berufserfahrung im Fach verfügen. Und dass der ein oder andere dieses Personenkreises seine Sendungen mit kritischem Blick verfolgt, könnte er sich eigentlich denken. Insofern hätte ich als ausgewiesener Klimatologe von ihm erwartet, dass er das, was er rüberbringen will, vorher gewissenhaft recherchiert. Hätte er dieses getan, dann hätte er die Sendung unter einem anderen Blickwinkel bringen müssen. Nicht Klimawandel durch CO_2-Mißbrauch, sondern Umweltzerstörung mit klimawirksamen Dimensionen vor Ort. Das wäre ein erheblicher Unterschied. Aber so ist die Sendung in meinen Augen eine einzige Frechheit. Hier soll der Betrachter ganz offensichtlich ‚eingenordet‘, sprich manipuliert werden.

Ich möchte meine Leser an dieser Stelle nicht langweilen, wenn ich im Folgenden eine wissenschaftliche Analyse der klimageographischen Situation im Sahel präsentiere. Meines Erachtens ist dies hier unvermeidlich, um endlich einmal in aller Deutlichkeit und Ernsthaftigkeit vorzuführen, was in der heutigen Zeit so alles an unqualifiziertem Mist unreflektiert an uns herangetragen wird. Damit nicht genug. Einmal unters Volk gebracht, trägt der Mist Früchte ohne Ende. Bald liegt er in jeder Ecke herum, und je mehr herumliegt, desto weniger riecht man noch etwas.

Zunächst möchte ich ein paar Textstellen aus meinem Buch zum Klimawandel zitieren, die geeignet sind, dass soeben Vorgetragene in Kurzform verständlich zu machen. Im Anschluss werde ich dann im Detail auf die Genese und den speziellen jährlichen Gang von Witterung und Niederschlagsereignissen im Sahel zu sprechen kommen.

„Um wieder mehr Ausgewogenheit in der Klimadiskussion erreichen zu können, wäre es an allererster Stelle notwendig, so viel geistigen Klimadatenmüll zu entsorgen, wie nur eben möglich, um Streitpunkte loszuwerden. Geschätzte 70 % des Mülls dürften allein schon der konsequenten Anwendung des Modells der Allgemeinen Zirkulation der Atmosphäre zum Opfer fallen. Eine solche Vorgehensweise ist unstrittig, legitim und gleichzeitig sehr effektiv, weil das theoretische Konstrukt des Zirkulationsmodells nie falsifiziert worden ist. Ergo sind alle regionalklimatischen Aussagen, die sich nicht in das Zirkulationsmodell einfügen lassen, schlichtweg falsch und darüber hinaus höchst überflüssig.

Natürlich würde der Rahmen dieses Buches bei weitem gesprengt, wenn wir hier als Datenmüllabfuhr tätig werden wollten. Stattdessen soll ein signifikantes Beispiel aus einem … Aufsatz von Gerstengarbe und Werner[26] veranschaulichen, wie Klimadatenmüll — sogar vom PIK, dem Fließband für Klimaalarm — aussieht und wie er sich mit dem Zirkulationsmodell schreddern lässt. Auf diesem

---

[26] Friedrich-Wilhelm Gerstengarbe u. Peter C. Werner: Der rezente Klimawandel. In: Der Klimawandel. Einblicke, Rückblicke und Ausblicke. Hrsg. W. Endlicher u. F.-W. Gerstengarbe, Potsdam 2007, S. 36 – 38.

Wege kann sich auch der klimatisch interessierte Laie durchaus in die Lage versetzen, Spreu und Weizen auseinander zu halten…

Folgende **zu falsifizierende Aussage** steht im Raum:

…Unter anderem in der Sahelzone und im südlichen Afrika haben sich die Niederschlagsmengen aufgrund der rezenten Klimaerwärmung so stark erniedrigt, dass bereits sozio-ökonomische Strukturwandlungsprozesse stattfinden. Ähnlicher Unfug wird auch in unserer zur Debatte stehenden TV-Dokumentation zum Besten gegeben.

Als **Randbedingung** gilt folgender Satz:[27]

„Wegen der steigenden Lufttemperatur ist die Atmosphäre in der Lage, mehr Wasserdampf aufzunehmen. Außerdem wird mehr Wasser verdunstet, da sich die Land- und Wasserflächen ebenfalls erwärmen. Es ist also generell in der globalen Summe mit mehr Niederschlag zu rechnen."

„Die **Sahelzone** erstreckt sich als Übergangszone von der Sahara zur Trockensavanne als schmaler Landschaftsstreifen beiderseits des 15. Breitengrades. Von Dakar am Atlantik bis zum Roten Meer beträgt seine Länge etwa 6.000 km. Klimatisch gehört der Sahel zum Niederschlagsregime der nordhemisphärischen Randtropen mit nur einer unsicheren sommerlichen Regenzeit zwischen Juni und September. In den übrigen Monaten liegt der gesamte Raum unter trocken-heißem Passatregime. Abbildung 2 veranschaulicht die Situation. Die Unzuverlässigkeit der Niederschläge wird deutlich, wenn man weiß, dass die ITCZ (innertropische Konvergenzzone) im Julimittel gerade eben die Sahelzone berührt. Je nach Erwärmungszustand des Kontinents kann die ITCZ mit ihren konvektiven Regenschauern mal weiter und mal weniger weit auf ihrer jahreszeitlichen Wanderung vom Äquator nach Norden gegen das Regime der staubtrockenen Passate vordringen. Je stärker die sommerliche Erwärmung des Kontinents ausfällt, desto weiter gelangen feuchte südatlantische Luftmassen mit der ITCZ nach Norden, und umso mehr Niederschlag kann im Sahel fallen. Hier sehen

---

[27] Ebda., S. 36.

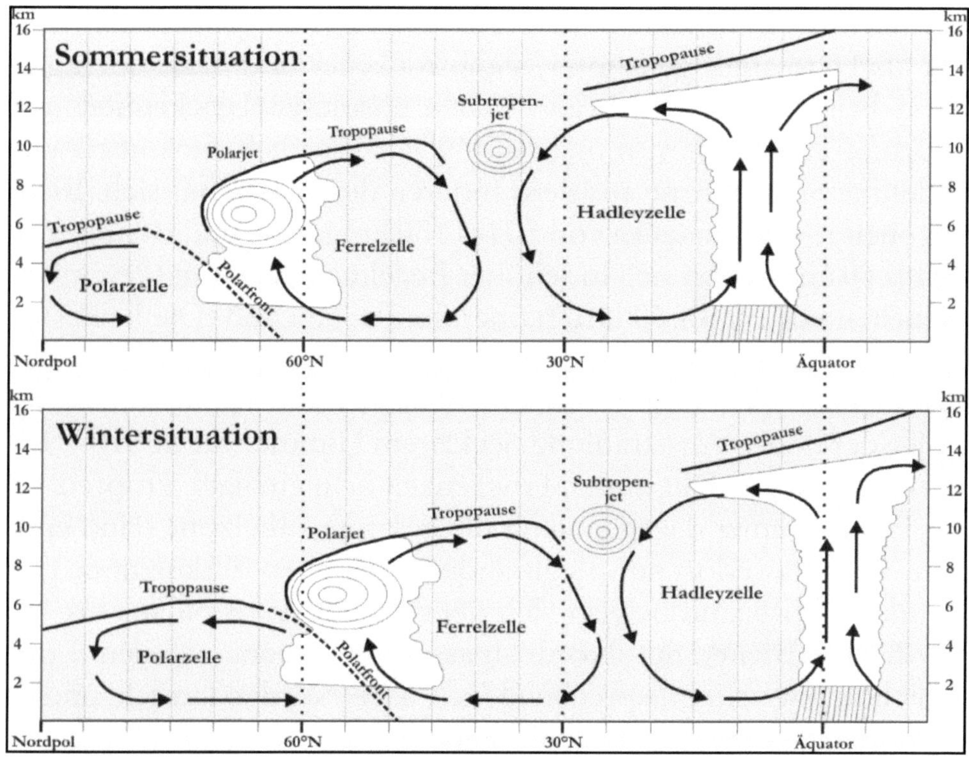

Abb. 2: Schematische sommerliche und winterliche Anordnung der globalen Klimazonen auf dem Idealkontinent von Wladimir Köppen.

wir, dass eine Klimaerwärmung in dieser Region keinesfalls zu weniger Niederschlag führen könnte, wie … behauptet. Das krasse Gegenteil ist der Fall. Der Rückgang der Niederschläge im Sahel signalisiert (höchstens) eine Klimaabkühlung."[28] Wie wir weiterhin sehen, hält die Aussage Gerstengarbes nicht einmal der Randbedingung Stand.

Über acht Monate des Jahres gehören die sommerfeuchten Tropen der Sahelzone seit Menschengedenken schon immer klimatisch zur Sahara mit deren typischem Witterungsablauf. Hier begegnen sich Wüste und Trockensavanne, wobei die Dauer des Wüsteneinflusses deutlich dominiert. Es handelt sich um jene Witterungszone, welche sich unter dem Einfluss des Nordostpassats befindet. Diese mit gnadenloser Persistenz aus der Wüste herangeführte saharisch-

---

[28] Udo Moll: Klimawandel oder heiße Luft? Hamburg (tredition) 2016, S. 129-131.

kontinentale Luftmasse macht sich äußerst unangenehm bemerkbar als Harmattan genannter, staubtrockener und dazu noch glühend heißer Wind. Er bringt neben absoluter Trockenheit und enormer Tageshitze von mehr als 40° C zusätzlich auch noch ausgedehnte Staubstürme aus dem Inneren der Wüste mit sich. Richtiggehende Staubmauern von 50 bis 150 km Länge und Breiten von 30 bis 60 km wälzen sich in schöner Regelmäßigkeit mit Geschwindigkeiten von 30 bis 60 km/h über das flache Land. Die heißesten Monate sind April und Mai. Am Nordufer des Tschadsees werden dann täglich 43° C gemessen. Nachts gehen die Temperaturen als Folge der hohen Ausstrahlung bei klarem Himmel auf nur 10 – 15° C zurück. Regen fällt in der Trockenzeit kein einziger Tropfen.

Im Hochsommer dagegen gerät die gesamte Sahelzone dann endlich unter das erlösende Regime der tropischen Zirkulation. Der Sonnenhöchststand bewegt sich über den Äquator hinaus bis 18° nördlicher Breite, der Nordostpassat mit seiner stabilen Luftschichtung weicht entsprechend weit nach Norden zurück, und es kommt im Bereich der nördlichsten innertropischen Konvergenzzone (ITCZ) zu tropischen Konvektionsniederschlägen. Allerdings sind die Niederschläge mit 150 – 500 mm jährlich (von N nach S zunehmend) viel zu gering für Ackerbau ohne künstliche Bewässerung. Die Grenze des Trockenfeldbaus (450 – 500 mm) berührt gerade eben noch die südlichsten Ausläufer des Sahels. Bei einer Zunahme der sommerlichen Erwärmung, wie sie vom IPCC und auch von unserem Filmemacher behauptet wird, würde sich die Segen bringende 500-mm-Isohyete ohne Wenn und Aber weiter nach Norden vorschieben und die Trockenheit lindern! Es würde also genau nicht noch trockener im Sahel.

Aber betrachten wir nicht nur die Mittelwerte der Niederschläge, denn diese sagen insgesamt noch längst nicht alles aus. Von Bedeutung sind auch deren Verteilung (d. h. die Zahl der Regentage während der Anbauperiode) und die Struktur der einzelnen Niederschlagsereignisse.[29] Generell ist festzuhalten, dass

---

[29] Wolfgang Weischet u. Wilfried Endlicher: Regionale Klimatologie. Die Alte Welt. Stuttgart, Leipzig (Teubner) 2000, S. 274-280.

Niederschläge von rund 50-70 mm pro Monat, wie sie im Mai oder Oktober vorkommen, für die Agrarwirtschaft bedeutungslos sind, weil das Verdunstungsniveau viel zu hoch ist. Sie fallen aus sporadischen Gewittern, welche entstehen, wenn mit frühsommerlicher Annäherung oder herbstlicher Abwanderung der ITCZ flache Monsunluft aus dem westafrikanischen Hitzetief ab und an in der Lage ist, die darüber lagernden, stabil geschichteten Passatluftmassen konvektiv zu durchbrechen. Die Regenmassen verdunsten größtenteils schon in der Luft, bevor sie den Boden überhaupt erreichen können.

Von Juni bis September, in der eigentlichen Regenzeit, steigern sich die zellenhaft auftretenden Monsungewitter zu ausgesprochenen tropischen Starkregen. Ihnen gesellen sich dann auch weitere, noch weitaus ausgiebigere Starkregen hinzu, welche aus so genannten „Easterly Waves" fallen. Es handelt sich dabei um mäanderartige Wellen in der aus östlichen Richtungen wehenden tropischen Höhenströmung, die man als African Easterly Jet bezeichnet.

Abb. 3: Staubsturm im Sahel. *(© 2020 iStockphoto LP)*

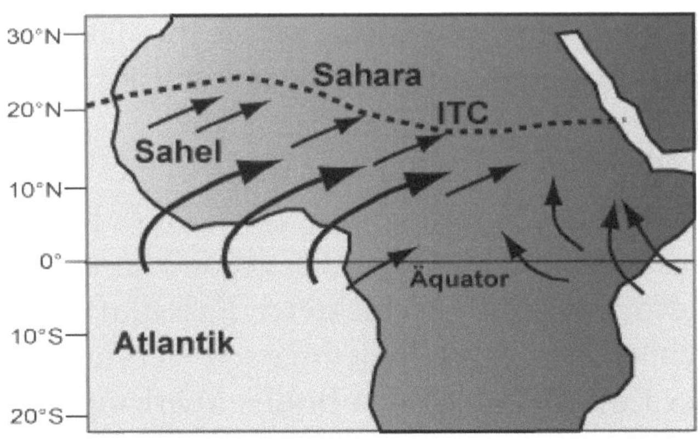

Abb. 4: Sommerliche Monsunströmungen im nördlichen Afrika. *(Quelle: D. Kasang 2008)*

Von Starkregen spricht man ab einer Intensität von 25 mm/h, wobei im Sahel stellenweise bis zu 200 mm/h auftreten können! Derart hohe Niederschläge können von den ausgedörrten Böden natürlich nicht aufgenommen werden.

Die Wassermassen fließen im Wesentlichen nutzlos oberirdisch ab und stehen den Agrarpflanzen damit nicht direkt zur Verfügung. Im Gegenteil: Überschwemmungskatastrophen, linienhafte Erosionsschäden und Abspülungen der Oberböden schädigen die Landwirtschaft. Hinzu kommt die hohe Variabilität der Niederschlagsmengen im Bereich von 30 – 40 %. Bei einem jährlichen Niederschlag von 450 mm können somit auch Werte von 630 mm oder 270 mm auftreten, wobei letztere keinen agrarischen Landbau mehr ermöglichen. Zu Problemen bis hin zu katastrophalen Hungersnöten kommt es immer dann, wenn mehrjährige Dürreperioden auftreten. Dies war schon seit Menschengedenken der Fall und hat mit Klimawandel nix zu tun: z. B. 1907-1913, 1940-1949, 1967-1973, 1980er Jahre.

Selbstverständlich hat man die Zusammenhänge, welche zu den Dürrekatastrophen im Sahel führten, intensiv erforscht, insbesondere nach der Dürre der 70er Jahre des 20. Jahrhunderts. Damals stand noch Feldforschung im Vordergrund, bevor man den Computer bemühte. Außerdem hatte man noch keine Ersatzreligion als Leitmotiv, man war also noch ergebnisoffen. Will heißen, dass wir den früheren Untersuchungen absolut trauen können. Die enorme Variabilität der Niederschlagsereignisse lässt an erster Stelle den Schluss zu, dass ausgedehnte Dürreperioden eine natürliche Erscheinung des Sahel sind. So kann eine größere Serie von Monaten mit unterdurchschnittlichen Regenmengen mit einer Veränderung

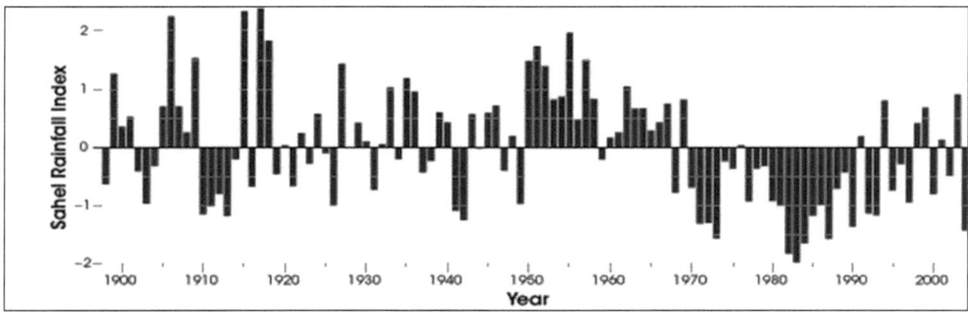

Abb. 5: Niederschlagsindex der Sahelzone 1897 – 2005.
Quelle: University of Washington, Joint Institute for the Study of the Atmosphere and Ocean 2017, doi:10.6069/H5MW2F2Q

der Walkerzirkulation einhergehen, wie sie bei El-Niño-Ereignissen zu beobachten ist. In diesem Fall verstärkt sich die Absinktendenz des Südindikhochs, so dass das sommerliche Vordringen feuchter Monsunluft auf den Kontinent reduziert wird.

Daneben führt zusätzlich ein ortsgebundenes Phänomen zur Reduktion von Niederschlägen in der Sahelzone. Dabei muss man wissen, dass der größte Teil des Niederschlagswassers aus Wasserdampfvorräten stammt, die aus schon zuvor abgeregneten Niederschlägen stammen. Man spricht von recyceltem Wasser. Es liefert etwa 60 % des gesamten sahelischen Niederschlagsaufkommens! Diese Wassermengen verdunsten über dem Sahel selbst, aber vor allem über den Feuchtsavannen und Regenwaldgebieten zwischen der westafrikanischen Küste und dem Sahel. Aber in den vergangenen Jahrzehnten wurden geschätzte 80 % dieser ökologisch unverzichtbaren Wasserdampfspeicher gedanken- und bedenkenlos überweidet bzw. gerodet und zerstört! Dadurch stiegen die oberflächlichen Abflüsse, und die Verdunstung sank permanent ab.[30]

Bei noch weiterer Rodung ist sogar der Zusammenbruch der Monsunzirkulation zu befürchten.

Die Zusammenhänge sind äußerst komplex: Die massive Abnahme von verdunstendem Wasserdampf bedingt in den gerodeten ehemaligen Savannen- und Regenwaldbereichen einen ebenso starken Rückgang des konvektiven Abtransportes von latenter

---

[30] K. H. Cook: Generation of the African easterly jet and its role in determining West African precipitation. Journal of Climate 12 (1999), S. 1165-1184.

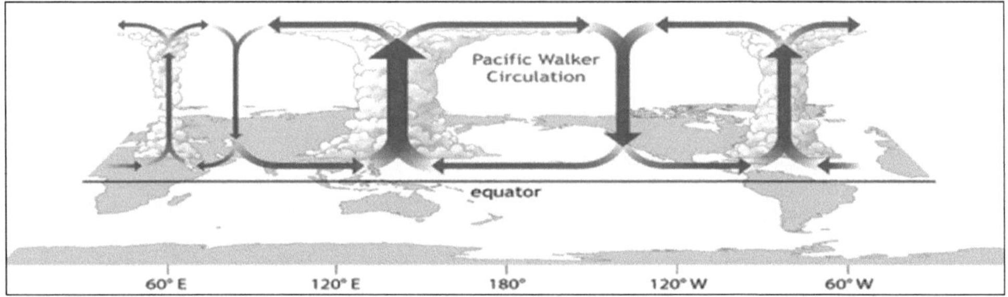

Abb. 6: Schematische Darstellung der normalen Walkerzirkulation. Quelle: Tom di Liberto (2014), The Walker Circulation, NOAAS Climate.gov

Energie. Die Konsequenz sind höhere Lufttemperaturen am Boden. Im Sahel selbst findet das genaue Gegenteil statt. Die Lufttemperaturen sinken, weil die durch gnadenlose Überweidung degradierten Flächen ihre Albedo erhöhen. Sie reflektieren also mehr einkommende Sonnenenergie in den Weltraum zurück. Außerdem steigt der Staubanteil in der Atmosphäre, was weitere Einstrahlungsverluste bedeutet. Der Temperaturgegensatz oder Temperaturgradient zwischen den abgeholzten Bereichen und dem Sahel wird auf diese Weise kleiner. Er muss jedoch mindestens 2,0 – 2,5° C pro 280 km Horizontalentfernung betragen, damit der African Easterly Jet in 3 – 5 km Höhe zur Bildung von Mäanderwellen angeregt wird. Diese sind nämlich, wie oben bereits dargelegt, die wichtigste Ursache der Niederschlagsentstehung über dem Sahel. Zunehmende Dürren sind die unausweichliche Konsequenz dieser regional herbeigeführten Zustände. Leider neigen die Dürreperioden auch noch zur Selbstverstärkung, denn Albedo und Staub nehmen durch weitere Degradierung der Restvegetation weiter zu. Gleichzeitig wächst die Bevölkerung in atemberaubender Geschwindigkeit, so dass zwangsläufig auch der Viehbesatz weiterhin ansteigen muss. Gleichzeitig geht die Entwaldung der Küstengebiete munter weiter. Ein Teufelskreis, für dessen Beendigung seit Neuestem jedoch eine mögliche Lösung in Sicht ist.

Unter dem Druck der zunehmenden Desertifizierung des Sahels haben seit 2005 mehr als 20 Länder der Afrikanischen Union ein Gemeinschaftsprojekt zur Bekämpfung dieses Phänomens beschlossen. Es trägt einen vielversprechenden Namen: Große

Grüne Mauer der Sahara und Sahel Initiative (kurz GGWSSI; Great Green Wall of the Sahara and the Sahel Initiative). Ziel dieser Initiative ist es, durch die Erschaffung eines großen Mosaiks aus Aufforstungen sowie grüner und produktiver Landschaft, welches sich über Nordafrika, die Sahelzone und das Horn von Afrika erstreckt, ein weiteres Vordringen der Wüste im Sahel abzuwenden. Anfangs schien das Projekt mit wenig Durchschlagskraft für sich hin zu dümpeln, denn nennenswerte Aufforstungen waren lediglich im südlichen Senegal und in Burkina Faso zu beobachten. Weitaus wirkungsvoller waren aber ganz offensichtlich die Bemühungen, alte Vegetationsbestände mosaikförmig genau dort zu pflegen, zu schonen und vor allem zu regenerieren, wo es gelungen war, die einheimische Bevölkerung zur Mithilfe zu motivieren. Das Ergebnis gibt Anlass zu großen Hoffnungen, denn die Niederschlagsmengen im Sahel sind in den letzten 10 Jahren deutlich angestiegen. Dies belegt eine Untersuchung der englischen Universität Reading. Sie kam zu dem Ergebnis, dass ein signifikanter Temperaturanstieg über der Sahelzone der wichtigste Grund für die beobachtete Zunahme der Niederschläge seit den 90er Jahren ist.[31] Erstmals wird also festgestellt, dass der Sahel von einer Klimaerwärmung profitiert und nicht etwa darunter leidet! Damit wird Vieles zu altem Schnee von gestern.

Die Erwärmung der Sahelzone wird selbstverständlich ganz wesentlich auf den Einfluss von CO_2 zurückgeführt. Aber davon einmal abgesehen: Es wurde noch eine zweite Ursache für die Erwärmung gefunden und auch deutlich angesprochen. Die Aerosolbelastung der Atmosphäre hat über dem Sahel ganz entscheidend abgenommen. Wenn das kein Erfolg der Wiederbegrünungsaktion ist! Dieses Programm hat durch Verringerung von Albedo und Aerosolen zur Erwärmung des Sahels, zur Bereitstellung von recyclebaren Wasservorräten und zur Wiederanhebung des Temperaturgradienten und damit zur Verstärkung der Monsunzirkulation auf beeindruckende Art und Weise beigetragen.

---

[31] Buwen Dong und Rowan Sutton: Dominant role of greenhouse-gas forcing in the recovery of Sahel rainfall. In: Nature Climate Change, volume 5 (2015), S. 757–760.

Wer also nicht nur oberflächlich recherchiert wie unser TV-Reporter, stellt abschließend fest: Der Zusammenhang zwischen Klimawandel und Migrationsdruck aus dem Sahel ist nur konstruiert. Real existiert er überhaupt nicht. Sogar das Gegenteil ist der Fall. Die Sahelzone ergrünt langsam aber sicher wieder, dringt mit ihrer Vegetation von Süden gegen die Sahara vor und hält deren Vorrücken auf. Es regnet wieder mehr am Südrand der Sahara, der Monsun hat sich erholt. Eine klimabedingte Abwanderung der Bevölkerung ist frei erfundener Blödsinn. Ein ganz anderes Motiv zur Abwanderung ist viel wahrscheinlicher: Flucht vor Armut.

1.5.3 Jakarta: Die Endlosschleife der Propaganda-Automatik dreht sich weiter

„Unsere ‚Öffentlich-Rechtlichen' sind inzwischen vollkommen hemmungslos geworden, wenn es darum geht, den Untertanen auf politische Order hin die richtige, ideologiekonforme Meinung aufzuzeigen. Was man vermisst: Im gesamten Film kommen keine Daten. Diese wurden durch ‚Tatsachenberichte' von Einheimischen ersetzt. Eine Methode, die inzwischen gerne verwendet wird, da sich damit einfach und vor allem nicht nachprüfbar die ‚erschütternden Tatsachenberichte' schlimmer Klimawandel-Gefährdungen beliebig zusammenstellen lassen".[32] Dieser Einschätzung können wir uns nach den beiden vorangehenden Analysen nur anschließen. Und der Bericht über Jakarta ist sogar noch eine Steigerung.

Gleich zu Beginn des Dokumentarfilms von Thomas Aders wird Indonesien nach dem oben dargelegten Strickmuster als so genannter Hotspot des Klimawandels präsentiert. Was auch immer man sich als deutschsprachiger Zuschauer darunter vorstellen soll. Und ausgerechnet dort liegt einer der am dichtesten besiedelten Ballungsräume weltweit: Jakarta mit seinen rund 30 Millionen Einwohnern. Immer häufiger ereignen sich in einem an der Küste gelegenen Slum Überschwemmungen. Die Anwohner beobachten

---

[32] https://www.eike-klima-energie.eu/tag/indonesien/?print=print-search

das bedrohliche Wasser. Mindestens einmal im Monat steigt es bis zu den Knien an. Mal bleibt es zwei Tage, mal eine ganze Woche. Ein Einheimischer weiß zu berichten, dass sein Wohnviertel kurz nach dem Jahr 2000 das erste Mal überschwemmt war. „Zuerst nur ein paar Zentimeter. Aber seit 2010 ist das Wasser sehr gestiegen. Immer höher und höher. So wie dieses Jahr war es aber noch nie." Der Sprecher erläutert fachmännisch, „je näher an der Küste, desto gefährdeter sind die Stadtviertel der indonesischen Hauptstadt. Slums.... werden die ersten sein, aus denen die Bewohner umgesiedelt werden müssen. Wie ein breiter Gürtel ziehen sich die gefährdeten Armenviertel durch Jakarta." Nach den Auskünften eines Stadtplaners finden die Überschwemmungen nicht nur an der Küste selbst statt, sondern auch im Stadtzentrum von Jakarta. Der Leiter des Städtischen Planungsamts und seine Mitarbeiter versuchen verzweifelt, die schlimmsten Klimaprobleme zu lösen. Beiläufig lässt dieser Mann durchblicken, dass Indonesien mit mehr als 17.000 Inseln und einer Fläche von 1,9 Millionen Quadratkilometern der größte Inselstaat der Welt ist. Und dass somit überall die Überflutungsgefahren lauern. Da ist man als argloser und nicht wissender Zuschauer schon arg geschockt und auf Allerschlimmstes vorbereitet und weichgekocht.

Doch wer die Fakten dieser Sendung nachprüft, wird noch mehr geschockt sein. Nicht etwa, weil der Autor der Sendung falsche Nachrichten in die Welt gesetzt hätte. Bis auf die Tatsache, dass die heftigste Überflutung Jakartas im Jahr 2007 stattgefunden hat. Es starben mindestens 56 Menschen, 340.000 Einwohner mussten evakuiert werden und 74.000 Häuser standen unter Wasser. Der im Film zu Wort gekommene Einheimische hatte das wohl schon vergessen. Aber ansonsten war alles korrekt. Bis auf die Tatsache, dass nicht der Klimawandel in Form eines steigenden Meeresspiegels für den Überflutungshorror von Jakarta verantwortlich ist. Überhaupt nicht! Genau diese Tatsache aber wurde in dem Dokumentarfilm hinterhältig verschwiegen, weil es offenbar gewollt war, den Zuschauer auf eine falsche Spur anzusetzen. Denn unter welcher Titelei wurde das üble Machwerk ausgestrahlt? Zur

Erinnerung: „Klimafluch und Klimaflucht – Massenmigration, die wahre Umweltkatastrophe."

In einer sachlichen Erörterung würde sich die reale Situation Jakartas folgendermaßen darstellen:[33] „Jakarta zählt weltweit zu den am stärksten von Hochwasser betroffenen Küstenstädten. Das Hochwasserrisiko erhöht sich fortlaufend aufgrund von Landsenkungen, Flächenversiegelung und Meeresspiegelanstieg. Die Erarbeitung von effektiven Anpassungsstrategien zur Risikominderung genießt daher wissenschaftlich wie politisch hohe Priorität. Die momentan vorangetriebenen Maßnahmen sind jedoch höchst umstritten." Bleibt zu ergänzen, dass der Meeresspiegelanstieg sich nur im marginalen Bereich bewegt und lediglich einen zu vernachlässigenden Einfluss besitzt.

Beim schon erwähnten Jahrhunderthochwasser von 2007 waren rund 60 % des bebauten Stadtgebietes unter Wasser, teilweise mit einer Tiefe von 4 m. Die Suche nach den Ursachen des Hochwasserrisikos führt zu folgenden Ergebnissen: Im Zuge des außerordentlich starken Bevölkerungswachstums seit den 50er Jahren wurden großflächige Feuchtgebiete und auch Flussarme im Umfeld der wachsenden Stadt trockengelegt und aufgesiedelt. Diese Maßnahmen führten dazu, dass bei den für Jakarta typischen innertropischen Starkregen kaum noch alles nunmehr zwangsweise oberflächlich abfließende Wasser schnell genug ins Meer gelangen kann. Die verbliebenen Flussläufe und Kanäle sind überdies stark mit ungeordnet abgelagertem Müll belastet, so dass auch hier ein rasches Abfließen der Wassermassen nicht möglich ist. Hinzu kommt eine ebenso systematische wie unkoordinierte Entnahme riesiger Grundwassermengen, um die enorm große Bevölkerung mit Trinkwasser zu versorgen. Als Konsequenz entstehen katastrophale Landabsenkungen von teilweise 25 cm jährlich! Manche Stadtquartiere sind im Lauf der letzten Jahrzehnte um bis zu 4 m unter den Meeresspiegel abgesackt. Bei unvermindert weiter

---

[33] Matthias Garschagen, Gusti Ayu Ketut Surtiari: Hochwasser in Jakarta – zwischen steigendem Risiko und umstrittenen Anpassungsmaßnahmen. In: Geographische Rundschau 4 (2018), S. 10.

fortschreitender städtischer Verdichtung steht natürlich im Raum, dass sich die Überschwemmungsrisiken zukünftig weiter erhöhen werden. Dies wird selbstverständlich auch dann passieren, wenn sich bald herausstellen wird, dass es weder einen nennenswerten Meeresspiegelanstieg noch eine Verstärkung tropischer Regenschauer im Zuge einer Klimaerwärmung gibt.

Natürlich existieren unzählige Überlegungen, wie man das Überschwemmungsrisiko zukünftig verringern oder gar in den Griff bekommen könnte. Am naheliegendsten erschien die Begradigung und Uferbereinigung des Ciliwung-Flusses sowie die Müllbereinigung sämtlicher Wasserläufe und Kanäle. Daneben begann man mit dem Bau von Schutzdeichen entlang der Küstenlinie. Das bedeutendste Projekt ist jedoch der Bau eines Giant Sea Wall genannten Schutzdamms von 25 km Länge, der die gesamte Bucht von Jakarta vor Springfluten schützen soll. Im Verbund mit Neulandgewinnung und deren Veräußerung soll die Finanzierung ermöglicht werden.

Seit dem 26. August 2019 sieht die Welt in Indonesien aber schon wieder gänzlich anders aus. Die Entscheidung ist gefallen. Indonesien bekommt eine neue Hauptstadt im Dschungel von Borneo. Nach fast einem halben Jahrtausend geht die Zeit von Jakarta als Hauptstadt des Inselstaates zu Ende. Schon im Jahr 2024 sollen Regierung und Parlament nach dem ehrgeizigen Plan in die Nähe der Stadt Balikpapan im Osten von Borneo umziehen. Jakarta soll dann die Rolle eines Finanzzentrums übernehmen. Inwiefern sich diese neue Situation auf die Hochwasservorsorge Jakartas auswirken wird, bleibt abzuwarten. Aber vermutlich werden die in der dann ehemaligen Hauptstadt zurückbleibenden Banker auf gar keinen Fall absaufen wollen.

Wer noch immer Zweifel hegt, ob die Meinungsmache öffentlichrechtlicher Sendeanstalten beim Thema ‚Klimawandel‘ hochgradig manipulativ anstatt seriös ist, mag sich die Ausführungen von Marietta Slomka und dem an gleicher Stelle zu Wort kommenden Korrespondenten Normen Odenthal kritisch zu Gemüte führen. Mit aller Gewalt wird hier der Klimawandel, ganz offensichtlich wider besseres Wissen, an den Haaren herbeigezogen, um den

geplanten Umzug der indonesischen Hauptstadt im gewollten Licht erscheinen zu lassen. Aber überzeugen sie sich selbst:[34]
„Häufige schwere Erdbeben, ständige Überschwemmungen und eine marode Infrastruktur haben in Indonesien zu einer radikalen Entscheidung geführt: Der größte Inselstaat der Welt mit fast 2 Millionen Quadratkilometern Fläche auf 17.000 Inseln hat beschlossen, seine Hauptstadt Jakarta zu verlegen, komplett woanders hin. Nach 500 Jahren Stadtgeschichte sollen sich die Riesenmetropole und ihre Einwohner ganz neu erfinden. In Zukunft wird es solche Umsiedlungen weltweit wohl immer öfter geben wegen des Klimawandels. Vor allem Inselstaaten bekommen angesichts steigender Meeresspiegel immer mehr Probleme. Wenn Häuser ständig unter Wasser stehen, bleibt am Ende nur ein Umzug."
Doch damit nicht genug, denn Odenthal haut mit seinem nunmehr eingeblendeten Beitrag nahtlos in dieselbe Kerbe: „Jakarta droht der Untergang. Die Reste der Moschee sind noch da. Noch! Viele andere Häuser sind schon versunken. Das Wasser holt sich die Stadt. Immer höher bauen sie die Mauern, die schützen sollen, denn der Klimawandel lässt den Meeresspiegel steigen."
Diese eindeutig manipulative Aussage verfehlt ihre gewollte Wirkung auf den Zuschauer sicher nicht. Das eingeblendete Interview eines bettelarmen Opfers unterstreicht das soeben gesagte sehr effektiv. Vor diesem gefärbten Vordergrund geht der Nachsatz natürlich weitgehend unter: „Aber schlimmer: Das Land versinkt um bis zu 25 Zentimeter jedes Jahr, 2,5 Meter in zehn Jahren…" Als könnten wir das nicht selber ganz bequem per Taschenrechner ermitteln! Ergänzend möchte ich hinzufügen, dass der Meeresspiegelanstieg im fraglichen Gebiet noch nicht einmal 1 mm pro Jahr beträgt. Für einen Zeitraum von zehn Jahren zeigt mein Taschenrechner weniger als 1 cm! Insofern möchte ich den ZDF-Beitrag als eine bodenlose Frechheit bewerten, die einer derartigen Institution total unwürdig ist. Ersatzreligion hin oder her: Ich frage mich allen Ernstes, für wie blöd man als Fernsehzuschauer ganz

---

34 Marietta Slomka u. Normen Odenthal: Neue Hauptstadt: Warum Jakarta umziehen muss. In: ZDF heuteJournal vom 27. November 2019.

offensichtlich gehalten wird. Um es einmal ganz deutlich zu sagen: Wir werden alle tagtäglich auf Schritt und Tritt klimaverarscht, weil kaum einer in der Lage ist, den faulen Zauber zu durchschauen.

1.5.4 Jetzt taut der Permafrost sogar bei Minusgraden

Eine weitere Dokumentation des Herrn Aders führt uns nach Russland, und zwar in die ostsibirische Provinz Jakutien. Hier findet der Klimaneurotiker eine weitere heiße Variante des menschengemachten Klimawandels, denn in dieser subarktischen Region gibt es Permafrost in Hülle und Fülle. Und genau der lässt sich bestens zum Klimahotspot hochjubeln. Zum einen, weil kaum jemand eine Ahnung hat, was Permafrost genau ist. Zum anderen, weil Permafrost von Natur aus massenhaft gut sichtbare Auftau-Erscheinungsformen in der Landschaft hervorruft, die sich mit ein paar gezielten Worten auch einem anthropogenen Klimawandel problemlos unterschieben lassen.

Beginnen wir zunächst mit der wissenschaftlichen Definition von Dauerfrost, wie der Permafrost auf gut Deutsch auch genannt wird. Dauerfrost ist jener Teil der oberen Erdkruste, dessen Temperatur seit mindestens zwei Jahren oder länger weniger als 0° C beträgt. Diese Definition gilt sowohl für Untergründe, die kein oder nur sehr wenig Wasser enthalten (trockener Permafrost), als auch für eishaltige Ablagerungen (eisreicher Permafrost). Innerhalb der Permafrostzone auftretende ungefrorene Bereiche werden als Talik (Abb.7) bezeichnet. [35] Sie treten häufig unterhalb von Wärme speichernden Wasserköpern wie Seen oder Flüssen auf (Suprapermafrosttalik), können aber auch als nach allen Seiten geschlossene Linsen (Intrapermafrosttalik) mit salzhaltigen Porenwässern verbunden sein.

---

[35] Nach Lutz Schirrmeister, Christine Siegert und Jens Strauß: Permafrost, ein sensibles Klimaphänomen – Begriffe, Klassifikationen und Zusammenhänge. In: Polarforschung 81 (1), 2011 (erschienen 2012), S. 3. https://www.researchgate.net/figure/Schematic-cross-section-trough-the-East-Siberian-Permafrost-zone-after-WASHBURN-1979_fig4_243971840 [accessed 12 Oct, 2019]

Man untergliedert Dauerfrostgebiete in Zonen kontinuierlichen und in Zonen diskontinuierlichen Permafrosts. Im kontinuierlichen Dauerfrost, d. h. in extrem kalten Regionen, beträgt der Anteil des Gefrorenen mehr als 90 %, und seine Mächtigkeit kann mehrere hundert Meter, stellenweise sogar bis zu 1.600 m betragen. Der diskontinuierliche Permafrost beschränkt sich dagegen auf weniger kalte Zonen. Er besteht deshalb nur aus 35 – 90 % Gefrorenem bei deutlich geringeren Mächtigkeiten, die häufig weniger als 45 m betragen können. Manchmal wird auch noch von sporadischem Permafrost gesprochen (35 – 5 % Gefrornis).

Die Mächtigkeit des Permafrosts nimmt generell bei steigenden Temperaturen mit zunehmender Entfernung vom Pol ab, variiert jedoch regional nicht unerheblich. Als eine Art Faustformel gilt, dass Permafrost pro Minusgrad Celsius Durchschnittstemperatur an der Bodenoberfläche zwischen 50 m und 100 m in die Tiefe reicht.[36]

Aber nicht nur die Lufttemperatur wirkt auf die Mächtigkeit von Permafrostböden ein. Entscheidend sind auch die Mächtigkeit und Dauer einer winterlichen Schneedecke, der Durchfeuchtungsgrad des gefrorenen Untergrunds sowie seine Vegetationsbedeckung; außerdem noch das Oberflächenrelief und das oberflächennahe Material.

Eine Schneedecke kann z. B. durch ihre isolierende Eigenschaft einerseits das Eindringen extremer Kälte in den Boden verhindern, andererseits aber bei längerem Liegenbleiben im Frühjahr auch das Eindringen von Wärme! Bodenfeuchte aufgrund hoher Niederschläge, insbesondere aber eingefrorenes Eis, ist ein relativ guter Wärmeleiter, so dass eisreiche Permafrostböden besonders anfällig gegen das Eindringen von Wärme bei ansteigenden sommerlichen Außentemperaturen sind.

Darüber hinaus ist aber folgender physikalischer Vorgang nicht zu unterschätzen: Verdunstet nämlich während des Prozesses einer sommerlichen Wärmezufuhr Bodenfeuchtigkeit, so setzt im selben

---

36 Umwelt-Bundesamt: Hintergrundpapier „Klimagefahr durch tauenden Permafrost?" Dessau 2006, S. 4.

Augenblick ein Wärmetransport ein. Verdunstung benötigt Wärme, d. h. der Boden gibt nur einen Teil seiner oberflächlich eingenommenen Strahlungswärme direkt an die Atmosphäre und in den Untergrund weiter. Ein nicht unerheblicher Energieanteil wird dem bei der Verdunstung von Bodenwasser entstehenden Wasserdampf übertragen, und zwar in Form von latenter Wärme. Diese wird erst dann wieder freigesetzt, wenn der mittlerweile in die Atmosphäre entwichene (unsichtbare) Wasserdampf andernorts kondensiert, also wieder zu Wasser wird. Es entsteht dann dort fühlbare Kondensationswärme.

Sobald jedoch die Landoberfläche von einer Vegetationsdecke überzogen ist, werden Strahlungsumsatz und Wärmeverteilung stark modifiziert. Allein schon die Beschaffenheit von Vegetation bezüglich ihrer Höhe und Dichte kann beinahe beliebig viele Ausprägungen aufweisen, einmal ganz davon abgesehen, dass die Verhältnisse zusätzlich einem permanenten Wandel unterliegen. Es lassen sich deshalb nach Weischet nur einige allgemeine Regeln aufstellen: [37]

1. An erster Stelle ist Vegetation selbst ein äußerst schlechter Wärmespeicher.

2. Gleichzeitig aber lässt sie, bedingt durch ihren Schattenwurf, im Mittel nur etwa 10 % der eingestrahlten Energie zum darunter befindlichen Boden durch, so dass dessen ohnehin geringe Wärmespeicherkapazität gar nicht zum Tragen kommt.

3. Auch die Wärmeübertragung ist in einer Vegetationsdecke nur sehr gering. Sie wirkt deshalb wie ein echter Isolator.

4. Von sehr entscheidender klimatischer Relevanz ist zusätzlich noch die so genannte Evapotranspiration von Pflanzen, denn sie reguliert die thermischen Verhältnisse der gesamten Umgebung. Durch das Verdunsten von Wasser über die Blätter entsteht nämlich abermals Kälte, weil wieder einmal der

---

[37] Wolfgang Weischet: Einführung in die Allgemeine Klimatologie. Berlin-Stuttgart (Borntraeger) 2002, S. 88.

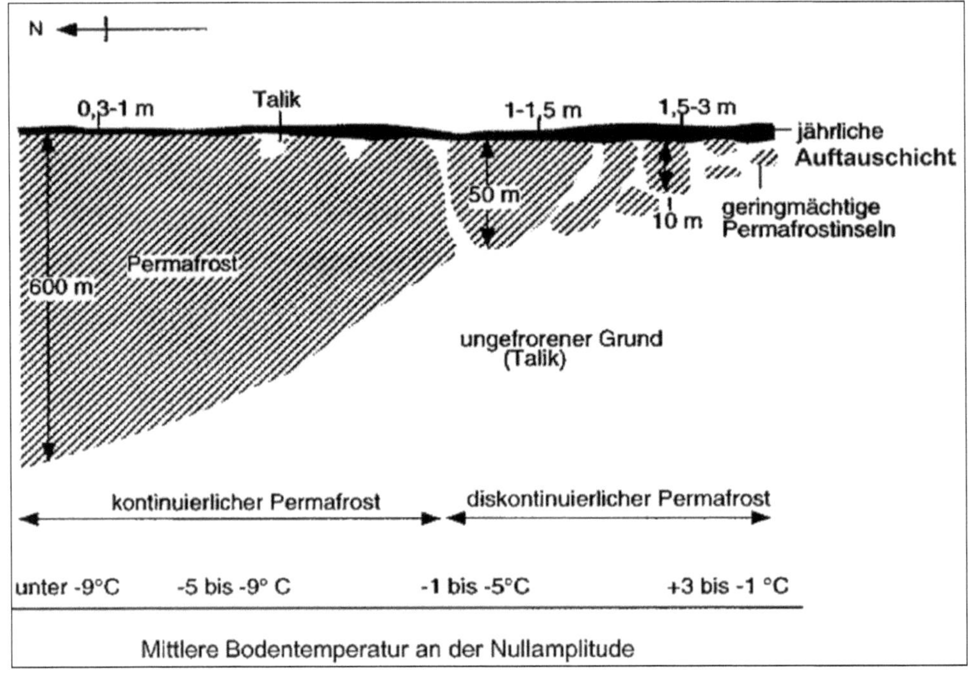

Abb. 7: Systematischer Querschnitt durch den ostsibirischen Permafrost.

nach Washburn (1979), aus Lutz Schirrmeister et. al. (2011), S. 4.

Verdunstungsprozess Energie erfordert, die der Umgebung als Verdunstungswärme entzogen wird. Somit ergibt sich ein weiteres Wärmedefizit für den Boden.

Wir sehen an dieser Stelle schon, dass es äußerst kompliziert ist, den Wärme- und Kältehaushalt von Dauerfrostböden zu verstehen und zu erforschen. Betrachten wir das Ganze im jahresperiodischen Temperaturgang, so ist festzuhalten, dass die Eindringtiefe der eingegebenen Wärme eine ganz erhebliche Größenordnung erreicht. Sie beträgt mindestens an die 10 bis 15 m. Neuerdings gehen Forscher in den Alpen[38] im Jahresgang sogar von Eindringtiefen bis zu 20 m aus. Dieser Wert deckt sich ziemlich gut mit den quantitativen Angaben von Caquot und Kérisel aus dem Fachgebiet der Bodenmechanik. Ihre Berechnungen stützen sich auf die Gesetze

---

[38] Wilfried Haeberli und Max Maisch: Klimawandel im Hochgebirge. In: Der Klimawandel. Einblicke, Rückblicke und Ausblicke. Hrsg. W. Endlicher u. F.-W. Gerstengarbe, Potsdam 2007, S. 102.

56

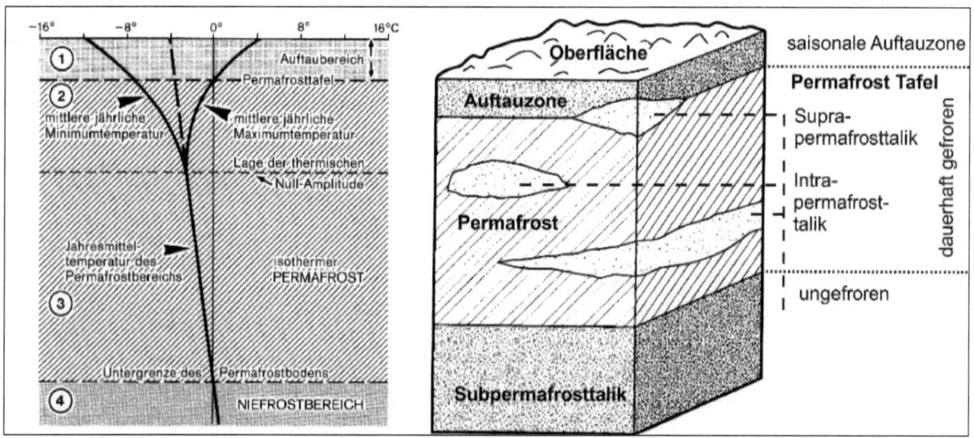

Abb. 8: Vertikale Gliederung der Permafrostzone in Bezug zu den a) Temperaturbedingungen (nach Weise 1983) und b) den hydrologischen Verhältnissen (nach French 2007).
aus Lutz Schirrmeister et.al. (2011), S. 5

der Wärmeausbreitung, die sich aus der fourierschen Gleichung und den Temperaturbedingungen an der Bodenoberfläche ergeben.[39] Ab etwa 15 – 25 m Tiefe herrscht in Böden Isothermie, d. h. quasipermanent gleichbleibende Temperatur, deren Höhe der mittleren Jahrestemperatur der Außenluft über dieser Stelle entspricht.

Ändert sich die mittlere Jahrestemperatur der Außenluft, etwa bei einer langfristig wirksamen Klimaerwärmung, dann reagiert auf lange Sicht auch der isotherme Permafrost und passt sich den dauerhaft veränderten Verhältnissen entsprechend an. Weiter nach unten erfolgt dann wieder eine konstante Temperaturzunahme, wie sie durch die geothermische Tiefenstufe (auch: geothermischer Gradient) indiziert wird. Diese beträgt im Mittel 3° C pro 100 m, kann aber regional sehr stark schwanken. In Vulkangebieten sinkt sie sehr stark ab, wo hingegen sie in alten kristallinen Massiven auf 375 m und mehr ansteigen kann. Dies ist sehr bedeutsam im Zusammenhang mit den äußerst tiefreichenden Dauerfrostböden des Anabarmassivs in Sibirien (bis 1.600 m!).

---

[39] Albert Caquot und Jean Kérisel: Grundlagen der Bodenmechanik. Berlin-Heidelberg-New York (Springer) 1967, S. 77.

Somit lässt sich die Mächtigkeit des Permafrosts in einem Raum recht gut bestimmen, wenn die lokale Schrittweite der geothermischen Tiefenstufe sowie die mittlere Außentemperatur bekannt ist. Für die Gegend von Jakutsk ergibt sich bei mittlerer geothermischer Tiefenstufe von 3° C pro 100 m und einem Jahresmittel der Lufttemperatur von -10° C eine Mächtigkeit von etwa 350 m (vgl. Abb. 9).

Zusammengefasst ergibt sich Folgendes: Im Jahresgang ändert sich nur die Temperatur der obersten Bodenschicht bis zu einer Tiefe von maximal 25 m. Im Sommer kommt es deshalb auch ganz ohne Klimawandel zum teilweisen Auftauen des Permafrostes. Bis in die Tiefe, bei der im Sommer der Gefrierpunkt überschritten wird, unterliegt der Boden somit jahreszeitlichen Tau-Gefrier-Vorgängen, darunter bleibt er ganzjährig gefroren. Die entstehende Auftauschicht wird auch als „aktive Schicht" bezeichnet. Ihre Mächtigkeit schwankt in etwa zwischen 0,5 m und 2 – 2,5 m. In feuchtem Permafrost kann die aktive Schicht auch weiter hinunterreichen. Mit zunehmender Tiefe steigt die Bodentemperatur im Gefrorenen aufgrund der Erdwärme langsam wieder an (siehe oben). Bei Erreichen der 0° C-Grenze endet der Permafrost. Dies ist die Permafrostbasis.[40]

Auf der Nordhalbkugel ist rund ein Viertel der gesamten Landoberfläche von Permafrost unterlagert. Größtenteils befinden sich diese Gebiete in der Arktis und in der südwärts anschließenden Subarktis. So besteht die russische Föderation gut zur Hälfte aus Permafrostboden, in Alaska, Kanada, Grönland oder China sind es ebenfalls große Teile. Aber auch in Skandinavien gibt es Permafrost – und in Deutschland auf der Zugspitze. Auf der Südhalbkugel besitzen dagegen nur einige eisfreie Oasen rund um die Antarktis permanent gefrorene Böden.[41]

Nach diesem etwas größeren Ausflug in die Sphären der Permafrostforschung komme ich wieder zurück auf den hier zur Debatte

---

[40] Umwelt-Bundesamt: Hintergrundpapier „Klimagefahr durch tauenden Permafrost?".

[41] https://www.helmholtz.de/erde_und_umwelt/da-taut-sich-was-zusammen/ Dessau 2006, S. 4.

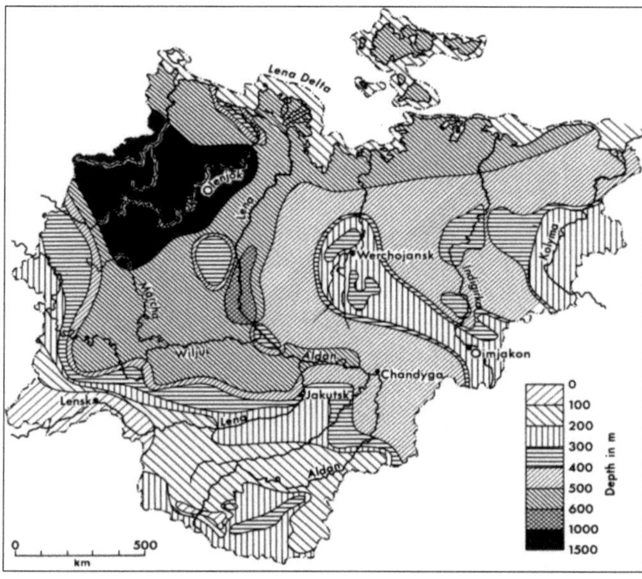

**Abb. 9: Permafrostmächtigkeiten in Jaku-
tien.**

Nach Embleton u. King 1975, aus Lutz Schirrmeister

stehenden tenden-
ziösen TV-
Dokumentarbericht
von Thomas Aders.
Der Autor hat ganz
offenkundig keinen
blassen Schimmer
von Permafrost o-
der aber – was
wahrscheinlicher ist
– er hat sein Wissen
ganz bewusst bei
seiner Berichterstat-
tung außen vor ge-
lassen, um dem
Thema ‚Klimawan-
del und seine Fol-
gen' beim Zuschauer mehr tendenziöses Gewicht zu verleihen. Die
Sendung erweckte beim ahnungslosen Betrachter nämlich den
angsteinflößenden Eindruck, als würden die armen Bewohner von
Jakutien wegen des Klimawandels im Morast und Schlamm des
auftauenden Permafrostbodens im wahrsten Sinne des Wortes ‚er-
saufen'. Es wurde mit keinem Wort darauf hingewiesen, dass der
tiefgefrorene Boden seit etwa 10.000 Jahren (Ende der letzten Eiszeit) in jedem Sommerhalbjahr schon immer oberflächlich auftaut!
Die Auftautiefe beträgt, wie bereits gesagt, sehr weit im arktischen
Norden und fernab der wärmenden Meeresküste wenige Dezimeter, und sie steigt weiter gen Süden bei ganz normal ansteigenden
Temperaturen bis auf maximal 2,50 m an.
Nehmen wir einmal an, die Jahresmitteltemperatur von Jakutsk sei
unter der gegenwärtigen Klimaerwärmung um 1° C angestiegen,
also etwa von -11° C auf -10° C. Was würde dann mit dem Auf-
tauboden geschehen? Er würde nach einiger Zeit um wenige Zentimeter tiefer auftauen, im folgenden Winter jedoch wieder komplett durchfrieren. Nicht mehr und nicht weniger. Was also sollte
dieser haarsträubende Medienbericht?

Abb. 10: Frostmuster-Steinringe auf Spitzbergen.
Foto: Hannes Grobe 26 Oktober 2007
(UTC) Creative Commons CC-BY-SA-2.5

Gezeigt wird u.a. ein größeres, auf Betonstelzen errichtetes Gebäude, welches im Permafrost zu versinken droht, weil eben der Klimawandel… In Wirklichkeit müssen natürlich alle Gebäude im Permafrost mit Betonfundamenten im dauernd gefrorenen Boden unterhalb der Auftauschicht gegründet werden. Und da geht man sicherheitshalber etwas tiefer als 2,50 m. Falls sich das Klima mal erwärmt… Außerdem ist daran zu denken, dass jedes Gebäude Wärme in den Boden ableitet, so dass der Permafrost darunter tiefer auftauen kann! Das hat mit Klimawandel nix zu tun.

Das Jahrtausende während Auftauen und Wiedergefrieren des Permafrosts im Rhythmus der Jahreszeiten hinterlässt an der Erdoberfläche typische geomorphologische Strukturen, wie man sie überall in Taiga und Tundra beobachten kann. Hier sind an erster Stelle die sogenannten Frostmusterböden zu nennen, beispielsweise weitflächig verbreitete Eiskeilpolygone oder auch deutlich erkennbare Steinringe. Zu den typischen Reliefformen in Permafrostgebieten zählen auch die sogenannten Pingos: mehr als 10 m hohe Eiskernhügel mit einem Durchmesser von ca. 100 m und mehr, die durch die Injektion von Wasser in den Permafrost entstehen. Sie treten in großer Zahl auf und entstehen im Zuge des erneuten Gefrierens von bereits getautem Permafrost.

Die jüngsten Hinterlassenschaften einer natürlich bedingten Störung des thermischen Gleichgewichts von Permafrostböden führten zur Entstehung von Thermokarstlandschaften, welche heute im subarktischen Norden Sibiriens und Nordamerikas weit verbreitet sind. Es handelt sich dabei um Senken unterschiedlicher Größe, die sich im Zuge der nacheiszeitlichen Klimaerwärmung mit sommerlichem Schmelzwasser aufgefüllt haben. Ihr

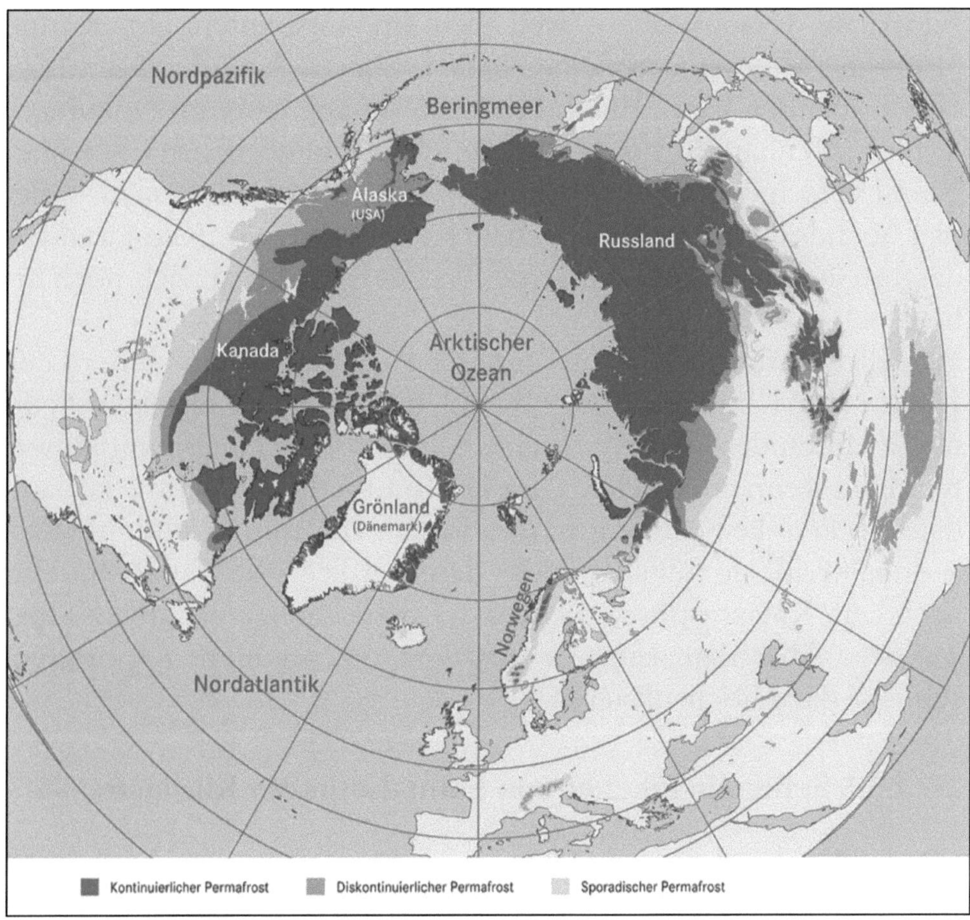

Abb. 11: Vorkommen von Permafrostböden auf der Nordhalbkugel.
https://www.helmholtz.de/erde_und_umwelt/da-taut-sich-was-zusammen/

Wasserkörper führt dem darunterliegenden Permafrost besonders viel sommerliche Wärme zu, da die Wärmeleitfähigkeit und die -speicherfähigkeit von Wasser sehr viel größer ist als diejenige von Boden. Im Winter fungiert er dagegen als Isolator und hält die winterliche Kaltluft vom Untergrund fern.

Deshalb bilden sich unter den Thermokarstseen sehr häufig Suprapermafrosttaliks (vgl. Abb. 8). Als Konsequenz des gestörten thermischen Gleichgewichts sind Thermokarstseen keine statischen Landschaftselemente. Sie sind ganz im Gegenteil in ständigem Wandel begriffen, weil auch ihr hydrologisches Gleichgewicht sehr labil ist. Es gibt Seen, die von Jahr zu Jahr größer werden, aber manche können auch von einem Tag auf den anderen von der

Bildfläche verschwinden, weil sich im angetauten Untergrund plötzlich Öffnungen aufgetan haben, über welche das Seewasser rapide ablaufen kann. Einen solchen Vorgang hatte im Dokumentarfilm offenbar ein Fischer erlebt, dessen benachbarter See über Nacht verschwunden war. Ein ganz natürlicher Vorgang also, der hier hochdramatisch als ureigenste Konsequenz des Klimawandels dargestellt wurde. Und der arme Fischer ist seitdem auch noch arbeitslos!

Natürlich waren auch die auslaufenden Taliks im Steilufer der Lena Kinder des Klimawandels, obwohl hier lediglich eisreiche Sedimente durch den Fluss und seine Seitenerosion angeschnitten waren. Und wenn ein solches Ufer bei sommerlicher Wärme auftaut, dann sacken die Sedimentmassen in sich zusammen, und ihr Wasserinhalt reißt sie mit sich in das darunter liegende Flussbett. Also auch kein Katastrophenpotential des menschengemachten Klimawandels. Aber man kann es trotzdem mit seichtem Reportergeschwätz dazu hochstilisieren.

1.5.5 Senegals Fischer von Saint-Louis im Klimastress

Mit den Fischern von Saint-Louis und ihren Nöten beschäftigt sich ein Dokumentarfilm der Reihe „Mein Ausland" von Caroline Hoffmann, einer ARD-Korrespondentin in Nairobi. Eigentlich würde ich ihren Dokumentarfilm mit ‚gut' bewerten, wenn sie denn auf einen winzigen Satz verzichtet hätte, der als einziges Detail des Berichts völlig falsch und aus der Luft gegriffen ist.

Ich zitiere im Folgenden den Originaltext von Phoenix aus der Vorankündigung des WDR, da dieser sehr schön belegt, was ich in diesem gesamten Kapitel dokumentieren möchte: Die absolut tendenziöse Berichterstattung selbst der öffentlich-rechtlichen Medien im Bereich ‚Klimawandel', für deren Beiträge der Bundesbürger zwangsweise auch noch zur Kasse gebeten wird.

„Saint-Louis gilt als das ‚Venedig Afrikas' und ist UNESCO-Weltkulturerbe – prächtige Attribute. Aber die Küstenstadt im Norden des Senegal hat ein großes Problem: Wie in vielen westafrikanischen Ländern werden ganze Küstenabschnitte weggespült.

Allein in den vergangenen Monaten mussten in Saint-Louis mehr als 800 Menschen vor dem Atlantik fliehen. Der Film zeigt, wie die Erosion das Leben der Menschen im Senegal verändert.
Weil das Meer den Strand abträgt und die dahinter liegenden Stadtteile zerstört, plant die Verwaltung, bis zu 10.000 Einwohner der alten französischen Kolonialstadt umzusiedeln. Es trifft meistens die Armen wie die Fischerfamilien in Saint-Louis. Sie leben jetzt in Zelten, Kilometer vom Meer entfernt.
Schuld sind die starken Sturmfluten, sagen die senegalesischen Behörden. Der durch den Klimawandel steigende Meeresspiegel werde alles noch schlimmer machen. Und der Sandabbau: Jahrelang wurde im Senegal in großem Stil Sand direkt vom Strand abtransportiert, um den Bauboom im Land zu befriedigen."
Wer ist denn jetzt, nach solchen Worten, nicht davon überzeugt, dass hier wieder einmal der Klimawandel mit allen seinen folgenschweren Tücken zugeschlagen hat? Wenn das sogar schon die senegalesischen Behörden behaupten, dann muss es ja richtig sein. Dass deren Behauptungen nur Behauptungen sind, wird ja leider nicht gesagt, denn man würde dann sündhaft von der neuen Klimareligion abfallen. Das geht ja beim öffentlich-rechtlichen Fernsehen gar nicht.
Es wäre sicherlich informativer und sachdienlicher gewesen, auf die verheerenden Konsequenzen des Sandabbaus im gesamten Westafrika oder – besser noch – in der ganzen Welt einzugehen. Aber dann hätte man womöglich den Klimawandel nicht so gut einbauen können. Doch nur so versteht jedermann, dass hier die Schicksale von potentiellen Klimaflüchtlingen breitgetreten und an die richtigen Adressen in Deutschland weitergereicht werden. Es soll ja jeder verstehen lernen, warum die in naher Zukunft alle kommen wollen. So einfach geht das eben!
In Wirklichkeit aber handelt es sich hier einzig und allein um vor Ort hausgemachte Probleme, die sich zwangsweise aus der rücksichtslosen, geradezu idiotisch anmutenden Ausbeutung eines maritimen ökologischen Wirkungsgefüges ergeben. Um in Deutschland Ähnliches erleben zu können, müsste man lediglich hergehen und die Ostfriesischen oder besser noch die Nordfriesischen

Abb. 12: Unkontrollierter Sandabbau in Marokko.
Foto: Lana Wong; http://coastalcare.org/sections/inform/sand-mining/

Inseln wegbaggern, um den dringend benötigten Sand beim Autobahnbau einzubetonieren. Die Deiche auf dem Festland wären plötzlich nutzlos. In Afrika wütet jetzt an den entsprechend hergerichteten Sandküsten, wie könnte es anders sein, der Klimawandel mit all seinen bösen Folgen, weil der Meeresspiegel rasant gestiegen ist. Die Frieseninseln werden dagegen vom Meeresspiegelanstieg verschont. Das ist umwerfende Logik!

Betrachten wir das Problem einmal etwas näher und ernsthafter. Was trieb und was treibt man heutzutage so an Afrikas Westküste? Man lebt dort, mittlerweile eher schlecht als recht, vom Fischfang und – vom Sandabbau oder ‚Sand Mining‘, wie man diese Tätigkeit im Englischen sehr treffend bezeichnet. Man baggert entlang der atlantischen Küste sowohl gewerbsmäßig als auch privat so viel Sand für die boomende Bauwirtschaft ab, wie die schönen Strände hergeben. Angesichts einer schier endlosen, von langen Sandbänken und flachen Dünen begleiteten Ausgleichsküste ist es sehr verlockend, Sand zum Bauen abzutragen, zumal der an der Küste entlangstreichende Kanarenstrom und eine schwere Brandung permanent für Nachschub sorgen.

Verliert man bei den erheblichen Eingriffen in das ökologische Wirkungsgefüge jedoch das notwendige Augenmaß, so kommt es zu vielerlei Problemen, die für zahlreiche Küstenbewohner katastrophale Ausmaße annehmen. Denn letztendlich leitet eine planlose und übersteigerte Sandentnahme im unmittelbaren Küstenbereich als zwingende Konsequenz die Zunahme von Meereserosion und -abrasion ein. Selbstverständlich werden auch die Strandflora und -fauna sowie angrenzende Feuchtgebiete verstärkt in Mitleidenschaft gezogen. Wenn dann zusätzlich auch noch Elendsquartiere und Fischerhütten unkontrolliert nahe der Brandungszone errichtet werden, dann darf man sich nicht darüber wundern, dass derartige Wohnviertel früher oder später bei einer Sturmflut dem Ozean zum Opfer fallen. Mit Klimawandel und Meeresspiegelanstieg haben solche Ereignisse weltweit nix zu tun.

1.6 Das große Klimaclinch-Tohuwabohu

Als wäre das chaotische Tauziehen um das Klima noch nicht genug, befinden sich die Klimakämpfer beider Tauenden in einem Zustand, den man schon ohne Gewissensbisse als Meinungskrieg bezeichnen kann. Kein Wunder, denn niemand ist in der Lage, hier für Ordnung zu sorgen. Zu weit klaffen die beiden extremen Meinungen auseinander.

Die einen, die sich selbst als ***Klimaforscher*** bezeichnen und welche ich ***Neoklimatologen*** nenne, behaupten, das Klima unserer Erde würde sich aufgrund der vom Menschen in die Atmosphäre entlassenen Treibhausgase unaufhörlich erwärmen. Ihre Zukunftsvisionen reichen von ungefähr +1,5° C bis 4,5° C und sogar noch weit darüber hinaus. Sie bleiben allerdings belastbare, wissenschaftlich überprüfbare Beweise für ihre kühnen Behauptungen schuldig. Dennoch fliegen ihnen die Herzen der Massen auf breiter Front zu, weil die ‚Klimaforscher‘ als etablierte ‚Fachleute‘ ihre unbewiesenen Behauptungen sehr wirkungsvoll in Einklang mit Politik und Medien tagtäglich als perfekte Mogelpackung öffentlich zur Schau stellen.

Am anderen Tauende zerren die in der breiten Öffentlichkeit zutiefst verachteten **Klimarealisten**. Sie werden von den Neoklimatologen als **Klimaskeptiker** verunglimpft, weil sie genau der gegenteiligen Ansicht sind und darüber hinaus stichhaltige Beweise für die Richtigkeit ihrer Hypothesen liefern. Außerdem ist die Liste von Fakten, welche die Behauptungen der Neoklimatologen in zweifelhaftem Licht erscheinen lassen, im Lauf der Jahrzehnte bedrohlich angeschwollen. Kein Wunder also, dass derart angezählte ‚Fachleute‘ ein typisches Revierverhalten an den Tag legen, um die lästige ‚Konkurrenz‘ abzuschütteln.

Als Ikone der neoklimatologischen Sichtweise fungierte für geraume Zeit, ungeachtet heftiger Kritik an der Methodologie ihrer Entstehung, die so genannte Hockeyschlägerkurve, welche der Klimahistoriker Professor Michael E. Mann von der Pennsylvania State University zusammen mit zwei Kollegen im Jahr 1999 zielgerichtet zusammengemurkst und veröffentlicht hat. Für die Erstellung des Diagramms wurde eine große Zahl verfügbarer Klimadaten der letzten Jahrhunderte zusammengefasst, unter anderem Messdaten von Wetterstationen, aber auch bestimmte indirekte Klimadaten, so genannte Proxies, aus Sedimenten, Bohrkernanalysen des Polareises oder Baumringdaten. Das Ergebnis jedoch war ein Diagramm, welches über mehr als 900 Jahre einen relativ gleichmäßigen Temperaturverlauf mit leichtem Abwärtstrend zeigt und ab dem 20. Jahrhundert, wie könnte es passender sein, einen abrupten Steilanstieg der Temperatur dokumentiert. Die Ähnlichkeit dieser Kurve mit der Form eines Hockeyschlägers führte zu ihrem einprägsamen Namen.

Unüberhörbar war jedoch der Verdacht von Klimarealisten, dass die von der IPCC geradezu im Voraus geforderten Ergebnisse im Sachstandsbericht von 2007 in Anlehnung an die Hockeyschlägerkurve lediglich ‚herbeigeforscht‘ und ‚herbeigerechnet‘ wurden. Frei nach dem Motto, dass man nur lange und kompliziert genug herumrechnen muss, um das Wunschergebnis zu bekommen. Die mannschen Rechenergebnisse wurden denn auch von Kritikern nicht als Klimaprognosen gesehen, sondern als bloße Prophezeiungen oder sogar als Frechheit apostrophiert.

Nicht nur mancher Klimatologe, sondern erst recht der Laie fragt sich, was die bewusste Massenproduktion von wissenschaftlichen Mutmaßungen in Form von schönen Computermodellen für einen Sinn machen soll. Oder welchen Sinn Klimaforschung macht, deren erklärtes Hauptanliegen es ist, Klimaprojektionen zu entwickeln. Die Antwort liegt beinahe auf der Zunge, denn die Spatzen pfeifen sie in der Klimalandschaft allenthalben von den Dächern: Um die Vorgaben des IPCC und der Politik gewissenhaft herbeizurechnen. Das jedenfalls behaupten die Klimarealisten. Genau an dieser Stelle kommt es auf dem nationalen und internationalen Klimaparkett zu nicht enden wollenden Grabenkämpfen zwischen Wissenschaftlern und Pseudowissenschaftlern untereinander, aber auch zwischen Wissenschaft und Politik sowie Industrie bzw. Interessenverbänden. Und all das, obwohl Naturwissenschaften doch per definitionem eineindeutig arbeiten!

Seinen ersten Höhepunkt fand dieser Forscherkrieg im November 2009, als unbekannte Hacker über 1.000 E-Mails britischer Klimaforscher stahlen und ins Internet stellten. Ein gigantischer Skandal schien sich anzukündigen, der in Anlehnung an den Watergate-Skandal, welcher einst zum Rücktritt von US-Präsident Richard Nixon geführt hatte, ‚Climategate‘ genannt wird. „Der Schriftverkehr erlaubt einen tiefen Einblick in die Mechanismen, Fronten und Kämpfe in der Klimawissenschaft.“ Der SPIEGEL hat die Climategate‘-Mails aus 15 Jahren, die frei im Internet zugänglich sind und ausgedruckt fünf dicke Aktenordner füllen, analysiert. Das Ergebnis: „Führende Forscher haben sich unter teils heftigen Angriffen von außen in einen erbitterten und folgenschweren Grabenkrieg verstrickt, in den auch Medien, Umweltverbände und Politiker hineingezogen wurden.“[42] Dem ist eigentlich nichts hinzuzufügen.

---

[42] http://www.spiegel.de/wissenschaft/natur/forscherskandal-heiser-kriegums-klima-a-a-688175.html

Aus den gehackten Mails ging im Detail hervor, wie sich „die beim IPCC einflussreichsten ‚Wissenschaftler' untereinander darüber abstimmten, mit welchen ‚statistischen Anpassungen', mit welchen speziell getrimmten Computermodellen und mit welchen anderen Tricks die Daten manipuliert werden sollen, um zu den gewünschten Ergebnisse zu kommen. Aus manchen Mails wurde sogar deutlich, wie verzweifelt ‚Forscher' waren, wenn die tatsächlich gemessenen, rohen Klimawerte sich einfach nicht in das vorherbestimmte Ergebnis einfügen ließen.

Anderen Emails war zu entnehmen, wie sie sich absprachen, auf keinen Fall ihre Berechnungsmethoden und ihre rohen Daten zu veröffentlichen. Und ein weiterer Block von Emails zeigte, mit welchen Methoden sie systematisch auf Medien und vor allem auf wissenschaftliche Zeitschriften eingewirkt haben, nur ja keinen CO_2-kritischen Wissenschaftlern eine Plattform für ihre Sicht der Dinge zu geben. Bei Zuwiderhandlung würde niemand aus dem Kreis der Erleuchteten, nämlich der IPCC-akkreditierten CO_2-Wissenschaftler, diesen Medien für weitere Interviews zur Verfügung stehen. Besonders delikat wird der ganze Vorgang zusätzlich

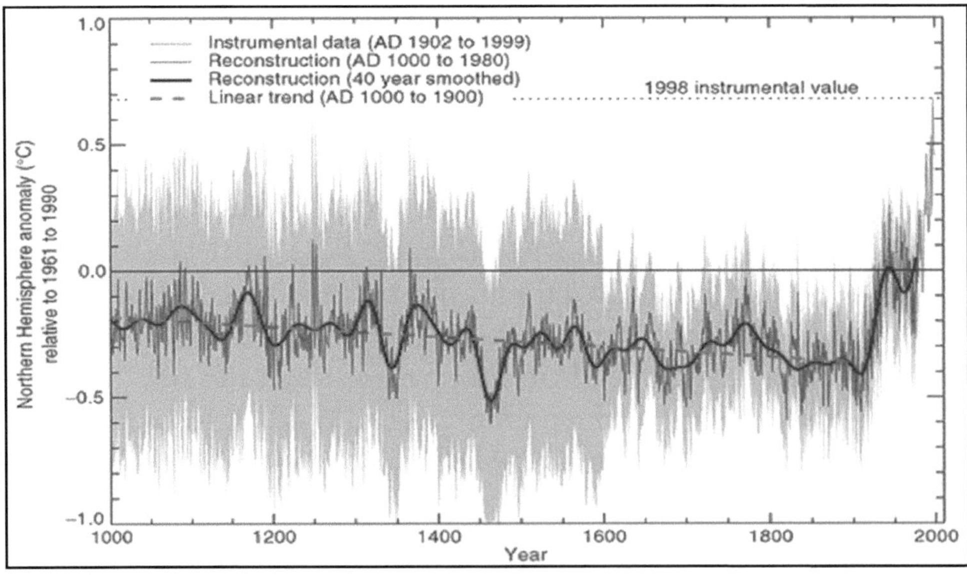

13: Die umstrittene Hockeyschlägerkurve von M. E. Mann.
Aus: http://www.spiegel.de/wissenschaft/natur/klimaforschung-streit-um-die-hockey-schlaeger-grafik-a-886334.html

noch, wenn man weiß, dass auch das angeblich über jegliche Zweifel erhabene Potsdam-Institut für Klimafolgenforschung (PIK) eifrig mitgemischt hat, allen voran Professor Stefan Rahmstorf.[43] Der jüngste und wohl vorerst letzte Akt des Klimakriegs endete im August 2019 vor dem obersten Gerichtshof der kanadischen Provinz British Columbia. Es fing mit einer recht harmlosen Klage wegen Beleidigung und übler Nachrede an, allerdings mit einem Streitwert von sage und schreibe mehreren Millionen Dollar. Kläger war kein Geringerer als der weltberühmte Skandal-Neoklimatologe Professor Michael Mann, und der Beklagte war der Geograph Dr. Tim Ball, vormals Professor an der Universität Winnipeg und weltbekannter Kritiker des ‚Hockeyschlägers‘. Die Klage geht auf den 25. März 2011 zurück. Über einige juristische Zwischenstationen ist sie schließlich beim obersten Gerichtshof gelandet. Anlass war ein Interview, das Prof. Ball einem kanadischen Magazin gegeben hatte.

Die Kernfrage lautete wie folgt:

„Verschiedene Regierungen und akademische Behörden haben den ‚Climategate‘-Skandal bisher weißgewaschen. Glauben Sie, dass noch irgendjemand wegen Betrugs strafrechtlich zur Verantwortung gezogen wird?“

Die Antwort Dr. Balls führte zur Anzeige durch Professor Mann:

„Unter den Generalstaatsanwälten der US-Bundesstaaten gibt es Bewegung, um die Strafverfolgung in Gang zu bringen. Zum Beispiel Michael Mann von Penn State (University) sollte im State Pen (im Staatsgefängnis) sitzen und nicht in der Pen State Uni. Auch in England gibt es Untersuchungen … Wir werden noch viel mehr Untersuchungen sehen.“[44]

Professor Mann weigerte sich bis zum bitteren Ende hartnäckig, dem Gericht durch Herausgabe seiner originalen Rohdaten zu beweisen, dass er korrekt wissenschaftlich gearbeitet hat. Obwohl ihm schließlich klar war, dass seine Weigerung dem angeklagten Dr. Ball Recht geben würde und dass dies ihn selbst Millionen

---

[43] https://kenfm.de/tagesdosis-30-8-2019-klimabetrug-gerichturteil-stuerzt-XXXXX-papst-vom-thron-podcast/

[44] ebda.

Dollar kosten würde, zog er es vor, die finanziellen Kosten auf sich zu nehmen. Dr. Manns Totalverweigerung ließ auch für das Gericht nur den Schluss zu, dass die Hockeyschläger-Daten manipuliert und gefälscht sind.

Kommen wir zurück zu den Klimarealisten. Hier sind im Wesentlichen zwei sehr unterschiedliche Gruppierungen auseinanderzuhalten: An erster Stelle zu nennen sind hier äußerst seriöse und renommierte, ernst zu nehmende Klimatologen, Meteorologen und andere Klimafachleute, die sich entweder auf eigene Faust oder organisiert in Gestalt des EIKE genannten Europäischen Instituts für Klima und Energie e.V. gegen das Märchengebäude der Neoklimatologen stemmen. Seit der Gründung von EIKE im Jahr 2007 werden diese Kollegen vom Kartell der Neoklimatologen geringschätzig mit gerümpften Nasen betrachtet. Nach eigener Aussage ist EIKE „ein Zusammenschluss einer wachsenden Zahl von Natur-, Geistes- und Wirtschaftswissenschaftlern, Ingenieuren, Publizisten und Politikern, die die Behauptung eines allein ‚menschengemachten Klimawandels' als naturwissenschaftlich nicht begründbar und daher als Schwindel gegenüber der Bevölkerung ansehen. EIKE lehnt folglich jegliche Klimapolitik als einen Vorwand ab, Wirtschaft und Bevölkerung zu bevormunden und das Volk durch Abgaben zu belasten. Der Verein und seine Mitglieder, ebenso wie die ‚auf eigene Rechnung' arbeitenden Klimarealisten, veröffentlichten bisher allein und auch gemeinsam eine ganze Reihe kritischer Fachschriften, in denen mit teilweise sehr überzeugenden naturwissenschaftlichen Denkansätzen die offiziell propagierte Ausschließlichkeit anthropogen verursachter Klimaerwärmung stark in Zweifel gezogen wird.[45]

Dies gilt für mein Dafürhalten insbesondere für Beiträge, die ohne Zweifel aus den Federn von ausgewiesenen Fachleuten stammen. Auch, wenn gerade dieses von Seiten der Neoklimatologen natürlich in Abrede gestellt wird. Schließlich liegen ja noch nicht einmal Peer-Review-Ergebnisse vor! Viele von ihnen scheinen die alten Herren von EIKE hämisch für einen harmlosen Rentnerverein

---

[45] http://www.eike-klima-energie.eu/eike/

von ahnungslosen Gruftis mit Demenztendenzen abtun zu wollen. Zumindest kommt dieser Eindruck auf, wenn man einschlägigen Internetforen und Webseiten einen Besuch abstattet. Was das alles mit seriöser Klimaforschung zu tun haben soll?

Zeitweise versuchte EIKE u. a. wohl auch deshalb, politische Schwergewichte als Agitatoren in den Ring des ‚Klimakampfes‘ zu schicken. Beispielsweise hat sich vor einigen Jahren Fritz Vahrenholt, seines Zeichens RWE-Manager und SPD-Mann, vor den Karren der Skeptiker spannen lassen. Zusammen mit seinem Koautor Lüning sagt er in seinem 2012 erschienenen Buch „Die kalte Sonne" eine möglicherweise drohende Klimakatastrophe ganz einfach ab. Er tut dies mangels wissenschaftlicher Potenz auf, gelinde gesagt, sehr populistische Art und Weise, was der klimatologische Laie leider nicht unbedingt bemerken wird. „Das Buch ist", wie Der Spiegel meint, „der neueste Coup in einem Meinungskampf, der die Öffentlichkeit verwirrt zurücklässt. Was passiert denn nun mit dem Klima? Wie kann man sich ein Bild vom Stand der Forschung machen? Vahrenholt und sein Mitstreiter steigen damit in eine teils emotionale Debatte zwischen Klimawandel-Warnern und Klimaskeptikern ein. Das Problem: Beide Seiten profitieren von dem Streit – auf Kosten der Allgemeinheit und der Glaubwürdigkeit der Wissenschaft." [46]

Und last, but not least sind da erneut auch wieder jene ‚Klimaexperten‘ zu nennen, die weniger auf Fachwissen denn auf Panikmache bauen, weil sie auch einmal den Sprung in die Tagesschau schaffen möchten, wohl wissend, dass Propheten nur dann Beachtung und/oder Gehör finden, wenn sie Hiobsbotschaften zu verkünden haben. Weite Teile der Medien gehören leider in diese Kategorie. Als bekanntestes Beispiel aus Deutschland gilt ohne Zweifel noch immer das bereits zitierte Titelfoto[47] von „Der Spiegel", welches den Kölner Dom halb überflutet inmitten eines ausgedehnten Meeres zeigt. Nicht minder furchterregend war eine

---

[46] http://www.spiegel.de/wissenschaft/natur/klima-propaganda-die-verkaeufer-der-wahrheit-a-813953.html

[47] Der Spiegel 33/1986.

Sendung in ZDFinfo, in der die bis zur Halskrause abgesoffene Freiheitsstatue von New York nebst der aus den Fluten ragenden Kuppel des Petersdoms gezeigt wurde. In jüngster Zeit mehren sich Presseberichte über verstärkten Abbruch von aufschwimmendem Gletschereis in der Antarktis. Verantwortlich ist ausgerechnet, man höre und staune, die Zunahme von Schneefällen. Die Eisränder halten angeblich dem Gewicht der auflastenden Schneemassen nicht mehr stand… Und natürlich steigt mal wieder der Meeresspiegel. Ich denke, dass Archimedes hier erhebliche Zweifel anzumelden hätte. Der Pegel in meinem Whiskyglas ist noch nie gestiegen, bloß weil die Eiswürfel zerbrochen und geschmolzen sind. Derlei apokalyptische Drohungen hat es schon seit den Anfängen der Menschheitsgeschichte gegeben und wird es auch weiterhin immer geben, sei es als simpler Ausdruck der Lust am Untergang oder gar als ein Mittel, Macht über seine Mitmenschen auszuüben. Wer Angst und Schrecken sät, der wird gehört. In diesem Sinne überbieten sich manche Medien gegenseitig mit immer haarsträubenderen Katastrophengesängen, die außerhalb jeglicher wissenschaftlichen Realität und Vernunft stehen. Jeder Sturm, jeder Hagelschlag, jedes Hochwasser, ja sogar antarktische Schneestürme, milde Winter oder heiße Sommer werden, dem Klimawandel zugeschrieben. Egal ob richtig oder falsch. Hauptsache, der Bericht gelangt wirkungsvoll in die Köpfe der Leserschaft. Glücklicherweise lassen sich, wie wir mittlerweile aus der anfangs erwähnten Umfrage des SPIEGEL wissen, immer weniger Mitbürger von diesem Quatsch überzeugen oder gar in Angst und Schrecken versetzen. Nur die Politik ist den Klimapredigern bedauerlicherweise völlig hörig. Hier wartet noch Arbeit auf die Klimarealisten.
Die Klimaforschung hat durch die angesprochenen Grabenkämpfe durch eigenes Verschulden glücklicherweise stark an Glaubwürdigkeit verloren. Aber auch überzogene Medienberichte haben ein gutes Stück weit zu diesem Vertrauensschwund beigetragen. Die Entstehung dieses Problemkreises lässt sich relativ einfach nachvollziehen, wenn man sich zunächst einmal klar macht, dass eine globale anthropogene Klimaerwärmung keine reale Erfahrung ist. Sie ist vielmehr immer noch nur eine

pseudowissenschaftliche These und – wohlgemerkt – keine wissenschaftliche Hypothese.

Das Gegenteil ist der Fall: Es gibt mehrere kritische Ansätze von Seiten der Klimarealisten, welche die wichtigsten Teile der These nicht nur sichtlich ins Wanken zu bringen drohen, sondern sie ganz eindeutig durch die Anwendung physikalischer Gesetze bereits ganz klar falsifiziert haben. Und eine derart angezählte These hat zunächst einmal als Irrläufer zu gelten, reif für die Entsorgung auf dem Datenfriedhof. Echte Wissenschaftler, für die Karl R. Popper[48] und seine wissenschaftstheoretischen Gedanken kein Fremdwort sind, würden sich ihrer beruflichen Ethik gegenüber verpflichtet fühlen, eine solche These auf der Basis logisch nachvollziehbarer Argumentation zur Hypothese zu entwickeln. Selbige würden sie alsdann strengstens und vor allem intersubjektiv empirisch überprüfen, anstatt sie als Dogma, als absolute Wahrheit also, an sämtliche Wände zu schmieren. Hält sie nicht stand, dann gehört sie konsequent neu überdacht und nötigenfalls auf dem nächsten Datenfriedhof entsorgt. Da helfen auch keine geschönten Messwerte oder fruchtlosen Mammutrechnungen mehr weiter, um aus einer solchen Sackgasse herauszukommen.

Aus beiden wissenschaftlichen Lagern dringen, häufig gewollt und gezielt, laufend einschlägige Informationen über den Stand der Dinge an die Außenwelt, in Politik und Gesellschaft, wo sie durch vielfältige Transformationen seitens der Medien, einzelner Politiker und der Bildungseinrichtungen zu einem sozialen Konstrukt „umgefummelt" werden.[49] Dabei kommt es mit schöner Regelmäßigkeit dazu, dass sich zwischen gesellschaftlicher Lesart von Klimaerwärmung und den wissenschaftlich begründeten Varianten abgrundtiefe Gräben und Verwerfungen auftun, wodurch das Image der Wissenschaft weiter – zu Unrecht zwar, aber doch deutlich – angekratzt wird.

Abschließend seien der Vollständigkeit halber noch die wirklich

---

[48] Karl R. Popper: Logik der Forschung. 11. Auflage. Tübingen 2005.

[49] Vgl. Cubasch, Ulrich u. Dieter Kasang: Anthropogener Klimawandel. Gotha (Klett-Perthes) 2002, S. 6 f.

echten Klimaskeptiker erwähnt, die den anthropogen verursachten globalen Klimawandel naiv unter dem Deckmantel obskurer Ideologien oder Dogmen zu verharmlosen oder sogar gänzlich zu negieren pflegen. Als eines der erfolgreichsten Beispiele diesbezüglicher klimaskeptischer Trivialliteratur sei an dieser Stelle das einschlägige Buch von Hartmut Bachmann[50] erwähnt.

---

[50] Hartmut Bachmann: Die Lüge der Klimakatastrophe. Berlin (Frieling) 2008.

2 GENESE UND LITURGIE EINER MODERNEN WELT-ERSATZRELIGION

Das Thema ‚menschengemachte Klimaerwärmung‘ hat sich spätestens seit dem Beginn der 90er Jahre bis zum Frühherbst des Jahres 2019 unaufhörlich bis zur Unerträglichkeit hochgeschaukelt. Mittlerweile beschäftigen sich mehr oder weniger fast alle TV-Sendungen und natürlich auch sämtliche Printmedien tagtäglich auf irgendeine Weise mit diesem ‚Schicksalsproblem der gesamten Menschheit‘. Die zuvor schon akribisch über Jahrzehnte vorbereiteten Horrorszenarien von absaufenden Südseeinseln, auftauendem Permafrost in Sibirien, tödlichen Dürren im Sahel oder im Ozean versinkenden Küstenmetropolen wie Jakarta beginnen jetzt endlich Wirkung zu zeigen. Insbesondere die Masse der Deutschen ist nicht nur sensibilisiert, sondern reagiert sogar schon hochgradig hysterisch auf das Tagesthema Nummer eins. Selbst die Reden von Politikern oder sogar auch von Wissenschaftlern hören sich im Unterton geradezu panisch an, wenn sie ihre Predigten zur Energiewende, zur Abkehr von Auto und Flugzeug oder zur Enthaltung von Fleischgenuss gebetsmühlenartig herunterleiern. Höhepunkte der Massenhysterie sind die allwöchentlichen Jugendaufmärsche unter dem Motto ‚Fridays for Future‘. Selbst in Talkshows führen diese Gören inzwischen das große Wort, obwohl gerade diese Spezies von Tuten und Blasen keine Ahnung hat. Sie beten lediglich das dumme apokalyptische Geschwätz kritiklos nach, welches ihnen von Medien und ahnungslosen Lehrern mit dem Nürnberger Trichter einverleibt wurde.
Aber damit nicht genug: Allmählich beginnen die ignoranten Grünschnäbel sogar schon, die Politik für sich zu vereinnahmen.

Es werden ihnen in diversen Plenarsälen der Welt bereits Redezeiten eingeräumt. „How dare you …“ Eigentlich unglaublich, aber wahr. Auf diese Weise werden gerade eben noch die letzten ungläubigen Klimawiderständler weichgeklopft und bekehrt, so dass schließlich niemand mehr aufmuckt, wenn zum Schluss der Messe der Klingelbeutel herumgereicht wird. Man muss sich ernsthafte Gedanken, ja Sorgen darüber machen, wohin unsere Gesellschaft langsam, aber mit tödlicher Sicherheit driftet.

2.1 Die ideologische Behauptung einer anthropogenen Klimaerwärmung

An dieser Stelle erhebt sich natürlich die weiterführende Frage, wie es überhaupt so weit kommen konnte. Warum sind fast alle Erdenbürger davon unumstößlich überzeugt, dass vom Menschen in großen Mengen emittiertes CO_2 unser globales Klima in katastrophalen Ausmaßen erwärmt und damit das gesamte Erdsystem aus der Bahn wirft.

Ich kann mich noch sehr gut an meine erste Vorlesung über die Einführung in die Allgemeine Klimatologie im Jahr 1970 erinnern. Der Vortragende hatte gerade die thermischen Auswirkungen der Treibhausgase unserer Atmosphäre erläutert. Nach jener Sitzung verließ ich den Hörsaal sehr nachdenklich, weil ich mir vorzustellen versuchte, welche Auswirkungen wohl die weltweiten menschlichen CO_2-Emissionen haben mögen. Natürlich gelangte ich ad hoc zu keinem konkreten Ergebnis. Aber ich konnte mir nach dem damals Gehörten sehr wohl vorstellen, dass sich unsere Atmosphäre irgendwann einmal erwärmen würde, wenn ihr CO_2-Anteil genügend weit in die Höhe geschraubt sein würde. Diese Vorstellung beunruhigte und bewegte mich dazumal seit jenem Tag zutiefst.

Warum erzähle ich dies? Nun, weil ich mich damals auf dem gleichen klimatologischen Wissensstand befand wie heutzutage Krethi und Plethi, den Massenmedien sei Dank. Ich kann durchaus nachempfinden, was der klimatologische Laie heute empfindet und denkt, wenn ihm die Medien im Verbund mit der Politik und einer von selbiger gekidnappten sogenannten Klimaforschung täglich neue Horrorgeschichten über den angeblich menschengemachten Klimawandel der Gegenwart auftischen. Sie verdrehen den klimaahnungslosen Menschen ganz gezielt die Köpfe und versetzen sie bewusst in Angst und Schrecken. Dabei lügen sie noch nicht einmal. Eine Vermehrung von CO_2 in der Atmosphäre führt tatsächlich zur Erwärmung der Luft. Allerdings um welchen Betrag? Wieviel wärmer wird es denn, wenn wir den CO_2-Gehalt der Luft verdoppeln?

Genau zu diesem Punkt der Klimasensitivität von CO_2 werden wissenschaftliche Erkenntnisse und Beweise bewusst unterdrückt, d. h. verschwiegen. Allein schon deshalb ist das ganze CO_2-Gelabere eine gigantische Mogelpackung. Fest steht für die Neoklimatologie, dass das von Menschen emittierte CO_2 und Konsorten die alleinigen Übeltäter sind. Punkt! Eine nennenswerte natürliche Erwärmung gibt es angeblich nicht. Der selbst ernannte, aber bislang immer noch verhinderte Nobelpreisaspirant Schellnhuber hat beim abendlichen Glas Rotwein an den fünf Fingern einer Hand abgezählt, dass die Erwärmung durch mehr CO_2 ganz massiv über 2° C hinausgehen würde, wenn wir nicht endlich etwas dagegen tun. Darüber gibt es für Mister zwei Grad nix zu diskutieren, denn es handelt sich hier um ein unumstößliches Faktum! Da ist sich der unfehlbare Fachmann ganz sicher.

Darüber kann man als Wissenschaftler eigentlich nur den Kopf schütteln und anmerken, dass wir es hier mit einer bloßen Behauptung hochdogmatischen Charakters zu tun haben. Als Wissenschaftler erwarte ich logische und überprüfbare physikalische Beweise im Sinne von Karl R. Popper[51], verbunden mit entsprechenden empirischen Geländebeobachtungen, Laborversuchen und Messergebnissen, die unser Problem möglichst präzise quantifizierbar machen. Computermodelle sind in diesem Sinne keine Beweise, denn sie rechnen nur das aus, was ich eingegeben habe. ‚Shit In, Shit Out' würde der Amerikaner sagen. Schließlich weiß doch

---

[51] Karl R. Popper: Logik der Forschung, 11. Auflage, Tübingen 2003.

jedes Kind, dass man gerade einmal das lokale Wetter von morgen oder übermorgen mit einiger Treffsicherheit vorhersagen kann. Wie soll denn ein Computer ausrechnen können, wie das globale Klima in einigen Jahrzehnten aussehen wird? Da müsste man schon wirklich kühne Träume haben. Nebenbei bemerkt: Echte Beweise für eine im Wesentlichen natürliche Klimaerwärmung liegen längst in größerer Anzahl vor. Darüber werden wir an anderer Stelle (vgl. Kapitel 3) noch ausführlich zu sprechen haben.

Ein enthüllender Beleg der ideologischen Behauptungstaktik von IPCC, Neoklimatologie und Politik ist beispielsweise eine Faktenliste, welche die Ergebnisse des G20-Gipfels im Juli 2017 in Hamburg sowie dessen wichtige Erkenntnisse zum Klimawandel zusammenfasst, erstellt von Klimaexpertinnen und -experten. Kritik überflüssig! Um das Pamphlet niet- und nagelfest zu machen, wird die Zusammenfassung von folgenden Institutionen mitgetragen: Deutsche IPCC-Koordinierungsstelle (de-IPCC), Deutsche Meteorologische Gesellschaft (DMG), Deutscher Wetterdienst (DWD), Deutsches Klima-Konsortium (DKK), Freie und Hansestadt Hamburg (Behörde für Umwelt und Energie), International Association of Broadcast Meteorology (IABM), Institut für Wetter- und Klimakommunikation (IWK), klimfakten.de und Münchener Rückversicherungs-Gesellschaft AG (Münchner Rück).

Klimawandel – eine Faktenliste

Faktenliste zum Stand der Forschung | Pressekonferenz in Hamburg | 6. Juli 2017

1. Die Luft an der Erdoberfläche hat sich bereits deutlich erwärmt. Im Jahr 2016 lag die mittlere globale oberflächennahe Lufttemperatur um rund 0,94° C höher als das Mittel im 20. Jahrhundert. Dies teilte die NOAA Anfang 2017 auf der Basis dreier unabhängiger Datenreihen mit. Damit war 2016 das wärmste Jahr seit Beginn der Auswertungen und übertraf die vorherigen Rekordjahre 2015 und 2014 – drei Rekordjahre in Folge wurden noch nie seit Beginn der Wetteraufzeichnung registriert.

2. Seit mehreren Jahrzehnten zeigt sich ein klarer Aufwärtstrend. Die Mitteltemperatur an der Erd- und Wasseroberfläche hat in den vergangenen Jahrzehnten im Mittel stetig zugenommen. Seit den 1960er Jahren war jede Dekade wärmer als die vorherige. Und die bisherigen Daten für das laufende Jahrzehnt deuten darauf hin, dass auch die Dekade 2011 bis 2020 einen neuen Höchststand markieren wird. Die mittlere globale Temperaturabweichung der Jahre 2011 bis 2016 zum Beispiel liegt im Datensatz der US-Ozean- und Atmosphärenbehörde NOAA 2011 – 2016 mit einer Abweichung von 0,74° C gegenüber dem Mittel des 20. Jahrhunderts deutlich höher als die 0,61° C im Jahrzehnt zuvor.

3. Die Häufung von Temperaturrekorden in den vergangenen Jahren ist höchst ungewöhnlich. 16 der 17 wärmsten Jahre überhaupt seit Beginn der Aufzeichnungen traten nach dem Jahr 2000 auf, alle fünf wärmsten seit 2010. Seit 1977 – also seit mittlerweile vier Jahrzehnten – gab es auf der Erde kein Jahr mehr, das kühler war als der Durchschnitt des 20. Jahrhunderts.

4. Die Ozeane haben sich deutlich erwärmt. Die Temperatur der oberen Wasserschichten der Weltmeere ist von 1980 bis 2015 um etwa 0,5° C gestiegen. Es gibt auch Seegebiete, in denen die Wassertemperaturen in dieser Zeit gesunken sind (etwa der Nordatlantik), in anderen stieg die Temperatur hingegen überproportional. Hierfür sind verschiedene Ursachen verantwortlich.

5. Der größte Teil der globalen Erwärmung wird in den Meeren gespeichert. Seit den 1970er Jahren haben die Wassermassen der Ozeane etwa 93 % der gesamten Erwärmung des Klimasystems aufgenommen. (Der Rest verteilt sich wie folgt: Schmelzen von Eismassen: 3 %; Erwärmung der Kontinente: 3 %; Erwärmung der Atmosphäre: 1 %.)

6. Der Meeresspiegel steigt. Zwischen 1993 und 2017 ist der Meeresspiegel laut Satellitenmessungen der NASA im globalen Mittel um etwa 85 Millimeter gestiegen, die Anstiegsrate beträgt aktuell 3,4 mm pro Jahr (± 0,4 mm). Dabei steigt der Meeresspiegel nicht überall gleich stark, es gibt Regionen mit niedrigeren und solche mit höheren Werten. So beträgt die Rate im westlichen Pazifik bis zu 12 mm pro Jahr. Größter Einzeleffekt ist die thermische

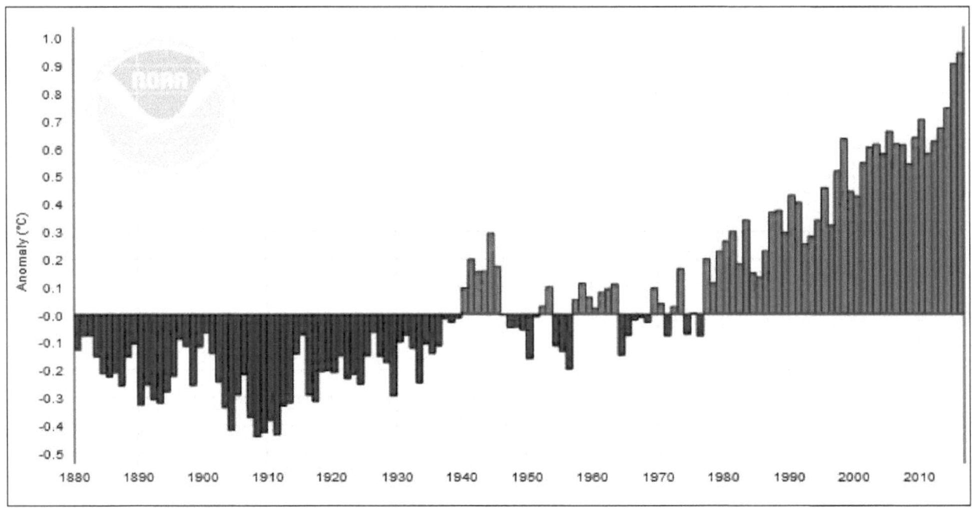

14: Abweichung der globalen Lufttemperaturen (Mittel der einzelnen Jahre) zwischen 1881 und 2016 gegenüber dem Mittelwert des 20. Jahrhunderts. Quelle: NOAA

Expansion des Ozeans in Folge der Erwärmung. Es folgen die Abschmelzprozesse auf Grönland, den Gletschern und der Antarktis.

7. Der Kohlendioxid-Gehalt der Atmosphäre nimmt stetig zu. Laut Messungen der Referenzstation Mauna Loa auf Hawaii lag der Wert 2017 im Jahresmittel bereits bei etwa 405 ppm. Das ist die höchste CO_2-Konzentration seit mindestens 800.000 Jahren, sie liegt rund 41 % über dem vorindustriellen Niveau.

8. Die Ozeane versauern. Der pH-Wert der Meeresoberfläche liegt aktuell im weltweiten Mittel bei etwa pH 8,1 und ist damit gegenüber der vorindustriellen Zeit bereits um rund pH 0,1 gesunken. Dies bedroht zahlreiche Meereslebewesen, da sich Kalk bei niedrigeren pH-Werten nicht mehr gut als Schale etwa bei Muscheln und Schnecken anlagert. Ursache für diese sogenannte Versauerung ist der Anstieg von Kohlendioxid in der Luft, das teilweise von den Ozeanen aufgenommen wird. Weiterhin hohe CO_2-Emissionen könnten bis Ende des Jahrhunderts dazu führen, dass der pH-Wert auf Werte fällt, wie sie seit mehr als 50 Millionen Jahren nicht mehr in den Ozeanen vorkamen.

9. Grönland verliert massiv Eis. Der grönländische Eisschild schwindet um 250 bis 300 Milliarden Tonnen pro Jahr, dies trägt mit jährlich rund 0,6 mm zum Anstieg der globalen Meeresspiegelhöhe bei. Das Tempo des Eisverlusts hat sich in den vergangenen Jahren beschleunigt.

10. Gletscher und Schnee schwinden. Vier von fünf Gebirgsgletschern, die weltweit von Forschern beobachtet werden, verlieren aktuell an Eismasse. Selbst unter Einbezug der wenigen Gletscher, die aufgrund regionaler Besonderheiten wachsen, hat die globale Gesamtmasse der Gletscher seit 1980 deutlich abgenommen – im Durchschnitt verschwand eine Eisschicht von gut 20 Metern Dicke. Eine solche Entwicklung, so Glaziologen, hat es seit Beginn der Aufzeichnungen noch nie gegeben. Während ein Teil des Gletscherschwunds noch eine Nachwirkung der Erwärmung im Anschluss an die „Kleine Eiszeit" auf der Nordhalbkugel zwischen dem 15. und dem 19. Jahrhundert sein dürfte, ist seit einigen Jahrzehnten der anthropogene Klimawandel die Hauptursache. Auch die Schneebedeckung der Nordhalbkugel nimmt ab. In den Schweizer Alpen zum Beispiel ist die Schneesaison in den letzten 45 Jahren erheblich kürzer geworden – sie startet heute im Durchschnitt zwölf Tage später und endet 26 Tage früher als 1970.[52]

Diese beobachtbaren Fakten als mögliche Folgen einer eventuellen Klimaerwärmung sind teilweise unbestritten, wenngleich man die ein oder andere kritische Anmerkung machen könnte, wenn es denn gestattet wäre. Dennoch: Wo befindet sich irgendein Beweis oder auch nur ein Argument dafür, dass es am CO_2 liegt? Diese angenommene Prämisse wird der Öffentlichkeit genauso selbstverständlich wie schamlos als wortlos gegebene Randbedingung serviert. Eine bloße Behauptung, die bislang nicht einer einzigen seriösen wissenschaftlichen Überprüfung in irgendeiner Form standgehalten hat.
Möglichkeiten eines natürlichen Klimawandels, der viel wahrscheinlicher ist, werden hartnäckig und mit aller Konsequenz von vorn herein kategorisch ausgeschlossen oder aber ungeprüft als Marginalien abgewiegelt. Eine solche Herangehensweise ist in

---

[52] G20 Climate. Climate 20 Press Conference, Hamburg 2017.

höchstem Maße unwissenschaftlich und deswegen völlig inakzeptabel. Auf den Punkt gebracht heißt ein solches Verhalten, dass der Neoklimatologe gar nicht weiß, ob die angebliche Klimaerwärmung wirklich anthropogene Ursachen hat oder nicht. Er vermutet es lediglich, tut aber so, als sei diese seine Vermutung die absolute reine Wahrheit und nichts als die Wahrheit.

Ich möchte diesen Ansatz gerne näher erklären. Jemand, der sich in Sachen Klima seinen gesunden Menschenverstand bewahrt hat, wird ganz klar Folgendes erkennen: Es gab schon immer Klimawandel auf dieser Welt, und je näher an der Gegenwart derartige Vorgänge zeitlich abliefen, umso mehr Erkenntnisse liegen uns vor. Dennoch wissen wir nicht genau, welche Ursachen diese Klimaschwankungen im Einzelnen hatten. Nur eines wissen wir ganz genau. Die Ereignisse liefen ab, als der Mensch noch keine nennenswerten Mengen an Treibhausgasen produzierte. Klimawandel hatte deshalb also stets natürliche Ursachen. Aber wenn wir genau wissen, dass die Ursachen früherer Klimaschwankungen natürlicher Art waren, wie können wir dann heute als Wissenschaftler behaupten, dieses Mal wüssten wir es sehr genauer. Es können nur die menschlichen Treibhausgasemissionen sein.

Wir würden dann nämlich die wissenschaftstheoretischen und logischen Grundlagen unserer gesamten Forschung über Bord werfen. Wissenschaft geht doch davon aus, dass für alle früheren Klimaveränderungen einzig und allein natürliche Faktoren verantwortlich waren. Und diese haben sich zumindest seit Zigtausenden von Jahren nicht geändert. Damit ist unmittelbar einzusehen, dass es sehr viel wahrscheinlicher ist, dass die momentane Klimaerwärmung, sofern es sie wirklich gibt, auf natürliche Ursachen zurückzuführen ist als dass sie durch den Menschen hervorgerufen wird. An dieser Logik kommt ein normaler Forscher nicht vorbei.

Bleibt die Frage nach dem Warum. Warum werden wir heute von allen Seiten mit absolutem Klimanonsens überschüttet? Weil echte wissenschaftliche Ergebnisse überhaupt nicht zu dem herbeigeredeten Schwindelszenario der absoluten Wahrheit passen würden. Alles läuft genauso ab, wie es sich für eine waschechte Ideologie gehört. Außerdem würde das ganze Phantasiegebilde der

anthropogenen Klimaerwärmung einstürzen wie ein Kartenhaus. Und das wäre für die Damen und Herren Klimaforscher der absolute Supergau! Es würde nicht etwa nur ihr Ruf ruiniert. Nein, viel schlimmer noch, es würden alle erschwindelten Drittmittel den Bach runterfließen!
Besonders interessant ist in diesem Zusammenhang die Einschätzung des bekannten Erkenntnistheoretikers Prof. Dr. Harald Schöndorf: [53]

„Und wer sich einen einigermaßen gesunden Menschenverstand bewahrt hat, der kann über eine Beschränkung der Temperaturerhöhung um 2 Grad als Ziel des Klimaschutzes nur den Kopf schütteln. – Denn hinter dieser Zielvorgabe steht die … absurde Vorstellung, wir könnten durch bestimmte Maßnahmen die durchschnittliche Welttemperatur um ein oder mehrere Grade senken oder erhöhen. Ebenso könnte man eine bestimmte durchschnittliche Sonnenscheindauer oder Niederschlagsmenge für die ganze Welt anstreben. Wie man so etwas allen Ernstes glauben kann, ist für mich rational nicht mehr zu erklären, sondern nur noch so, dass wir bereits voll der allgemeinen Ideologisierung verfallen sind, wir könnten die gesamten komplexen Naturvorgänge auf der ganzen Welt nach unseren Wünschen und Bedürfnissen manipulieren. Wenn ich aus Erfahrung weiß, mit welchen Impfungen und Medikamenten ich erfolgreich eine bestimmte Krankheit bekämpfen kann, so kann ich mir auch die Verminderung oder auch die Ausrottung dieser Krankheit zum Ziel setzen. Wir sind aber weit davon entfernt, so viel über die Faktoren zu wissen, die über unser gesamtes Weltklima entscheiden, dass wir vernünftigerweise anstreben könnten, durch unsere Maßnahmen dieses Klima exakt um eine bestimmte Durchschnittstemperatur verändern zu können. Was man als Zielvorgabe anstreben kann, ist ein Wert für die Verringerung dessen, was eindeutig von uns gemacht wird, also des Ausstoßes von Kohlenstoff-Dioxid. Ob und inwieweit sich hieraus

---

[53] Harald Schöndorf: Klimaschutz – die politische Welt-Ersatzreligion nach dem Ende des Ost-West-Konflikts. Hochschule für Philosophie, München 2019, S. 5. Online verfügbar unter www.fachinfo.eu/schoendorf2019.pdf, zuletzt geprüft am 23.09.2019.

dann Folgen für das Weltklima ergeben, das wird sich dann erst zeigen müssen."

2.2 Klimaschutz, die neue Pseudoreligion

Die Behauptung, die gegenwärtig zu beobachtende Klimaerwärmung sei menschengemacht, entspringt also einer systematisch vorangetriebenen Ideologie. Das Ergebnis dieser konzertierten Gemeinschaftsaktion von Pseudowissenschaft, Politik und Medien ist eine Massenpsychose mit religiösem und kultähnlichem Anstrich namens Klimaschutz. Von einer echten Religion oder einem echten Kult kann man beim Klimaschutz natürlich nicht reden, denn eine Religion zeichnet in der Regel die kulthafte Verehrung einer Gottheit aus, was beim Klimaschutz selbstverständlich nicht der Fall ist.

Deshalb schicke ich hier das Wörtchen ‚pseudo' zur Unterscheidung voraus. Aber von dieser charakteristischen Eigenschaft der echten Religion einmal abgesehen, weist der hysterische Klimawahn unserer Zeit eindeutige und unverkennbare Parallelen zu fast sämtlichen sonstigen Kriterien einer Religion auf, insbesondere zu einigen Schlüsselritualen der Katholischen Kirche. Von diesen sonstigen Kriterien lässt sich eine ansehnliche Liste zusammenstellen, wie dies in jüngster Zeit beispielsweise Schöndorf auf sehr eindrucksvolle Weise demonstriert hat.[54] Es ist äußerst lohnenswert, einige seiner Punkte an dieser Stelle einmal näher zu betrachten, enthüllen sie doch auf delikate Weise das gesamte wissenschaftliche Getue um den Klimaschutz als unwissenschaftliche Lachnummer. Dies umso mehr, als Harald Schöndorf seines Zeichens nicht nur Erkenntnistheoretiker ist, sondern gleichzeitig auch Theologe. Da ich Geowissenschaftler und kein Theologe bin, erlaube ich mir, mich in den folgenden Unterkapiteln auf seine religionsanalytischen Gedankengänge zu beziehen.[55]

---

[54] Ebda., S. 5 - 7.

[55] Ebda.

2.2.1 Ein Dogma als Wissenschaftsersatz

Wir haben dargelegt, dass Klimaschutz als Ergebnis und Maxime einer Ideologie keine wissenschaftlich fundierte Basis besitzt. Es handelt sich hier nach Schöndorf lediglich um Glaubenssätze, welche dann jedoch zeitgemäß mit einem pseudowissenschaftlichen Mäntelchen verbrämt werden. Denn alles, was angeblich naturwissenschaftlich untermauert werden kann, gilt heutzutage als unumstößlich. Eine solche Betrachtungsweise ist aus wissenschaftstheoretischer Sicht kompletter Nonsens und sollte sofort die innere Alarmglocke läuten lassen. Erkenntnisfortschritt vollzieht sich nämlich stets nur aus ‚trial and error‘. Keine Hypothese ist beweisbar, aber gegebenenfalls falsifizierbar. Auf offene Fragen geben wir versuchsweise eine Antwort und unterziehen diese einer strengen Prüfung. Wenn sie diese nicht besteht, verwerfen wir diese Antwort und versuchen, sie durch eine bessere zu ersetzen. Und genau diese Vorgehensweise ist bei den Anhängern des Klimaschutzes nicht vorhanden. Deshalb ist „die Theorie des Klimaschutzes… eine Glaubensüberzeugung und wird von ihren Anhängern so verteidigt und interpretiert wie eine Religion, nämlich als ein Dogma.“[56]

2.2.2 Als Ketzer verleumdet: ungläubige Kritiker

Aus obiger Erkenntnis heraus werden nun auch die einschlägigen Verhaltensrituale erklärbar, welche die Angehörigen der Ersatzreligion ihren Kritikern gegenüber anwenden. Wir müssen gedanklich lediglich einen großen Schritt zurück ins finsterste Mittelalter machen und unseren Fokus auf die damaligen Gepflogenheiten der Katholischen Kirche richten. Vermeintliche Kritiker der Kirche wurden als Ketzer bezeichnet und bezichtigt und von der heiligen Inquisition gnadenlos aus dem Verkehr gezogen. Entsprechend werden Wissenschaftler, die sich nicht kritiklos dem Klimaschutz-Glaubensbekenntnis ergeben, wie Häretiker verbal beleidigt und gedemütigt, indem man sie als Klimaskeptiker oder Klimaleugner

---

[56] Ebda., S. 7.

verunglimpft und bloßstellt, anstatt mit ihnen als gleichwertigen Partnern zu diskutieren.

Schöndorf legt sogar noch nach: „Ich kann mich nicht erinnern, dass man sonst je in der Naturwissenschaft die Vertreter konkurrierender Theorien als Skeptiker bezeichnet hätte. Denn mit solchen Etiketten diskriminiert man seine wissenschaftlichen Gegner moralisch und stellt sie fast schon auf eine ähnliche Ebene wie die Holocaustleugner, statt dass man sich der rationalen Diskussion stellt. Und es gibt verschiedene Berichte darüber, dass versucht wurde, die Vertreter unbequemer kritischer Anfragen von vornherein mundtot zu machen. Wenn ich recht informiert bin, so sind diese sogenannten Klimaskeptiker Naturwissenschaftler, denen man also kaum den Vorwurf machen kann, sie würden von der Sache nichts verstehen, während Leute als Klimaexperten auftreten, die keineswegs Naturwissenschaftler sind, sondern Wirtschaftswissenschaftler oder etwas Ähnliches."[57]

2.2.3 Alte Bekannte: Erbsünde und Apokalypse

Hat man erst einmal die eine oder andere Parallele zwischen Elementen der Ersatzreligion ‚Klimaschutz' und denen der heiligen Bibel aufgespürt, so offenbaren sich bei noch näherem Hinsehen immer weitere solcher archaischen Verknüpfungen. Unübersehbar ist beispielsweise die große Affinität zwischen der Erbsündenlehre und der These vom Klimaschutz. Letztere besagt, dass einzig und allein der Mensch verantwortlich für die gegenwärtig auf uns zu rollende Klimakatastrophe ist. Nur er trägt die Schuld an allen klimatischen Unbilden, die von jetzt an auf uns zukommen werden. Er allein trägt die volle Verantwortung für das Verhängnis einer fatalen Klimaerwärmung, die unsere Zukunft ernsthaft bedroht und in Frage stellt. Nicht anders lauten die Verheißungen der Erbsündenlehre, wonach Sünde, Tod und Verhängnis, sozusagen alles Übel dieser Welt, allein dem Menschen anzulasten sind. Wir halten uns heute zwar für eine moderne, aufgeklärte, an Wissenschaft und

---

[57] Ebda., S. 7.

Technik glaubende Menschheit, die mit derartigen antiken oder mittelalterlichen Glaubenssätzen nichts mehr am Hut hat, aber der Klimawahn als säkularisierte Erbsündenlehre belegt, dass wir diesbezüglich einer klassischen Fehleinschätzung unterliegen.

Ein wesentlicher Baustein fast jeder Religion, auch der christlichen, ist die Beschäftigung mit dem Wohl und Wehe der Menschheit. Genau dieser Punkt findet sich in der Lehre vom Klimaschutz wieder. Bei den Klimaschützern dreht sich nämlich alles um die Rettung oder den Untergang der Menschheit als unabdingbare Konsequenz der anthropogenen Klimaerwärmung. Ein gigantisches Katastrophenszenario, entworfen von Neoklimatologen und ‚salonfähig‘ weitergesponnen von medialen Quatschköpfen, zeichnet unverkennbar die Apokalypse an die Wand. Dieses Schicksal ist nur noch abwendbar, wenn… Ja, wenn wir uns dem Klimaschutz mit Haut und Haaren verschreiben. Mister zwei Grad glaubt großzügig daran, dass man dann noch etwas machen kann.

Dieses Prophezeiungsmuster reiht sich in biblische Endzeitvorstellungen ein, wie sie im Lauf der Zeitalter immer wieder auftauchten. Es ersetzt vollkommen nahtlos die einstige Höllenangst, welche in der Katholischen Kirche gepredigt wurde, durch eine klimarelevante Katastrophenangst, die auf apokalyptischen Szenarien beruht. Als Vorgänger mit breiten Anhängerscharen firmierten bereits die Atomangst und die Angst vor dem Waldsterben. Auch Ängste, wie sie gelegentlich durch Schweinepest oder Vogelgrippe und Co. geschürt werden, gehören in diese Ecke.

Als Folge der dogmatischen Wesensart der Klimaschutzbewegung und ihrer absoluten Wahrheiten resultiert denn auch konsequenterweise ein absolutes Engagement für den sogenannten Klimaschutz, und zwar weltumspannend. Längst totgesagte mittelalterliche Glaubens- und Verhaltensmuster feiern wieder fröhliche Urstände. Viele Staaten der Welt, darunter vor allem Deutschland, investieren ohne mit der Wimper zu zucken Unsummen von Steuergeldern in vollkommen nutzlose klimaverträgliche Projekte. Kritische Fragen werden weder angehört noch diskutiert, sondern als Tabubruch behandelt. Wehe demjenigen, der es wagt, Widerworte zu geben!

2.2.4 Ablasshandel: die komfortable Erlösungsvariante

Der Ablasshandel war aus ökonomischer Sicht das wohl profitabelste Geschäftsmodell der Katholischen Kirche. Aus rein theologischer Blickrichtung war es dagegen eher eine Lachnummer, welche die Glaubwürdigkeit der Kirche in fundamentalen Zweifel zog. Das Ablassgeschäft reifte im ausgehenden Mittelalter zu voller Blüte und füllte das einst defizitäre klerikale Säckel bis zum Überlaufen.

Grundlage des Geschäfts war die katholische Lehre vom „Gnadenschatz". Selbige erklärte die Kirche zum Verwalter des durch Christus gewirkten Verdienst-Pools, aus dem sie nach Gutdünken verteilen konnte, was freilich nicht ohne Gegenleistung erfolgte. Wer für sich oder seine verstorbenen Angehörigen die Sündenstrafe – nicht die Sünde selbst – nachgelassen bekommen wollte, der zahlte für diese Gnade in etwa ein Monatseinkommen an die Katholische Kirche. Es ist natürlich leicht vorstellbar, dass der kaufmännische Handel mit der Gnade den Gegnern der Katholischen Kirche ein willkommener Anlass zu massiver Kritik war. Nicht nur Luther stemmte sich öffentlich vehement dagegen. Auch sein Widersacher, der Dominikanermönch Johann Tetzel, zog mit offenem Spott vom Leder: „Sobald das Geld im Kasten klingt, die Seele in den Himmel springt!"

Nun aber zurück zum Klimaschutz, unserem eigentlichen Thema. Deutlicher als durch die Einführung eines ablassähnlichen Deals kann sich eine Ersatzreligion nebst ihrer politischen Abteilung nicht enttarnen. Den Emissionszertifikaten sei Dank! Als denkender Mensch kann man sich angesichts derartiger Verhältnisse nur noch an den Kopf fassen.

2.3 Klimaschützer und die kognitive Dissonanzreduktion

Der Begriff ‚kognitive Dissonanz' ist den meisten Menschen unbekannt, wenngleich jeder schon des Öfteren unbewusste

Bekanntschaft mit kognitiven Dissonanzen gemacht hat. Unter kognitiver Dissonanz versteht man in der Sozialpsychologie einen negativen Gefühlszustand, den wir immer dann verspüren, wenn wir Meinungen, Wünsche, Erfahrungen, Absichten oder Gedanken haben, die nicht miteinander vereinbar sind. Am besten lässt sich das an einem einfachen Beispiel erklären. Man stelle sich vor, jemand besitzt ein in die Jahre gekommenes, völlig verrostetes Auto. Eines Tages wird Herr Jemand von einem Kollegen mitgenommen, der sich gerade ein neues Auto gekauft hat. Er denkt dann bei sich, dass so ein neuer Wagen eigentlich doch etwas sehr Schönes ist. Aber leider reichen seine Ersparnisse nicht aus, um die alte Rostschüssel endlich in ein neueres Fahrzeug einzutauschen. Herr Jemand erlebt in diesem Augenblick eine kognitive Dissonanz.

Mit dieser unangenehmen inneren Konfliktsituation mag Herr Jemand nicht auf Dauer leben. Nach der Theorie der kognitiven Dissonanz wird er alles tun, um vor sich selber zu rechtfertigen, dass es Sinn macht, seinen alten Karren weiterhin zu fahren. Er möchte die unangenehme Gefühlslage einfach loswerden oder zumindest reduzieren, indem er vor sich und vielleicht auch vor dem Besitzer des Neuwagens die Vorzüge seiner alten Rostlaube herausstreicht: Er kostet mich viel weniger, ich muss mich nicht über Kratzer im Lack oder gar über Bagatellschäden ärgern, er hat mich trotz allem noch nie im Stich gelassen usw.

Ein anderes Beispiel zitiere ich aus einem meiner Bücher.[58] Die hier geschilderte Situation hat möglicherweise schon manch anderer Zeitgenosse so oder so ähnlich selbst erlebt: „Die winterliche Jahreszeit…war mir zu keinem Zeitpunkt meines Lebens wirklich sympathisch vorgekommen, ich empfand sie schon immer eher als äußerst unangenehm, als notwendiges Übel sozusagen. Sicherlich kann es sehr schön und romantisch sein, wenn Schneeflocken vom Himmel schweben und der Landschaft ein blütenweißes Gewand verleihen. Aber, diese Frage sei erlaubt, wo gibt es denn schon eine

---

[58] Udo Moll: Insel der unbegrenzten Unmöglichkeiten. Meine Jahre auf Teneriffa. Nordersted (BoD) 2018, S. 5.

15: Der Fuchs und die Trauben (kognitive Dissonanz).
Quelle: https://de.wikipedia.org/wiki/Kognitive Dissonanz; Milo Winter 1919, public domain

so geartete Winterlandschaft? In aller Regel fällt der mitteleuropäische Schnee auf Städte, Industrieanlagen und Verkehrswege, wo er mit allen Mitteln bekämpft wird und sich sofort in einen widerwärtig anzusehenden Tausalzmatsch verwandelt, noch bevor die ersten Schulkinderhände früh morgens einen sauberen Schneeball formen können. Um Winter wirklich zu erleben, müsste die Überwiegende Mehrheit der Menschen zuerst einmal einen spürbaren Ortswechsel vornehmen, anstatt dem eingefahrenen Alltagstrott zu folgen. Es sei denn, man würde sich den städtischen Winter wider besseres Wissen schönreden, um ihn einigermaßen ertragen zu können. In der Psychologie pflegt man solche Art von denksportlichen Verrenkungen mit dem vielsagenden Terminus der kognitiven Dissonanzenreduktion zu belegen.“

2.3.1 Wissenschaftsgläubigkeit gegen Klimaohnmacht

Was aber hat all das mit Klimaschützern und ihrer Ersatzreligion zu tun? Eine ganze Menge, wie wir gleich sehen werden. Zur Beantwortung dieser Frage versuche ich jetzt, die Verhaltensweise der Klimagläubigen und die Theorie der kognitiven Dissonanz miteinander in Übereinstimmung zu bringen. Hierzu muss ich vorab folgende Randbedingung als Prämisse einführen: ‚Der absolute Glaube an die Naturwissenschaften und die Unangreifbarkeit, die unbestreitbare Richtigkeit ihrer Forschungsergebnisse ist ein neuzeitliches Massenphänomen der menschlichen Gesellschaft.‘

Bevor die These des menschengemachten Klimawandels in den Köpfen der Menschen Einzug gehalten hatte, war die Klimawelt für jeden von uns noch heil und in Ordnung, ganz gleich, ob bewusst oder unbewusst. Doch von dem Moment an, als die Massenmedien weltweit zu verkünden begannen, dass der klimatische Supergau kurz bevorsteht, geriet die gesamte Menschheit in eine gigantische kognitive Dissonanz. Wir hatten uns bis dato für eine Lebensstrategie entschieden, die irgendwelchen möglichen klimaschädlichen Auswirkungen unserer täglichen Lebensgewohnheiten nicht die geringste Beachtung schenkte. Nun wurde diese einmal getroffene Entscheidung durch neoklimatische, pseudowissenschaftliche Thesen zur bevorstehenden Klimaapokalypse beinahe über Nacht ganz massiv in Frage gestellt, ja sogar über den Haufen geworfen. Tiefe Verunsicherung, aber auch Angst, waren das Ergebnis dieser Informationen.

Derart gravierende kognitive Massendissonanzen in Form einer Klimaohnmacht verlangen natürlich unausweichlich nach ausgiebiger Reduktion, um so für dringend notwendige psychische Schmerzentlastung zu sorgen. Dabei sind unterschiedliche Strategien möglich: Wir ändern entweder unser Verhalten, um es mit der neuen Information in harmonischen Einklang zu bringen, oder wir verändern unsere Einstellung, indem wir die Information ausblenden oder ihr sogar widersprechen. Preisfrage: Wie entscheidet sich die Mehrheit der Erdenbürger in diesem Fall?

Ein Blick auf unsere Randbedingung liefert die eindeutige Antwort. Die Herde strebt nach Harmonie, zumal einer derartigen Verhaltensänderung um 180 Grad scheinbar keinerlei logische Hindernisse entgegenstehen. Alles beruht auf dem Dogma vermeintlich absolut richtiger naturwissenschaftlicher Forschungsergebnisse. Dass es sich dabei jedoch um eine Megaverarsche der Menschheit handelt, wird überhaupt nicht wahrgenommen. Man geht kritik- und alternativlos den kühnsten Prophezeiungen einer neoklimatischen Pseudowissenschaft auf den Leim, anstatt seinen gesunden Menschenverstand einzuschalten.

Liturgie und Riten einer Ersatzreligion feiern unter diesen Umständen fröhliche Urständ. Wir können uns schon jetzt auf eine

Zukunft unter der Hegemonie von in die Irre geleiteten Dogmatikern gefasst machen. Die Machtübernahme steht kurz bevor. Wehe dem, der dann noch ein saftiges Steak verdrücken oder gar mit seinem Diesel richtig Gas geben möchte…

2.3.2 Die Heilsbringerin: Jeanne d'Arc aus Schweden

Bis zum August des Jahres 2018 fehlte der Klimaschutz-Ersatzreligion im Vergleich zur christlichen Religion noch ein ganz wesentliches Merkmal. Seit ihren Kindertagen im Römischen Reich gab es in der christlichen Gemeinde immer wieder einzelne, als Heilige gehandelte Figuren, die sich vehement für die Belange ihres Glaubens und ihrer Glaubensgemeinde einsetzten, wann immer Gefahr für das Wohl und Wehe der Gemeinschaft in Verzug war. Häufig bezahlten diese Gallionsfiguren ihren mutigen Kampf gegen fremdgläubige Mächte mit dem Leben und wurden auf diese Weise zu Märtyrern. Eine der berühmtesten Märtyrerinnen – auch das gab es bereits bis ins ausgehende Mittelalter – war Jeanne d'Arc, die berühmte Jungfrau von Orléans.

Seit dem schon erwähnten August 2018, an einem Freitag, hat die Klimaschutzbewegung diesen Mangel beseitigt und den Beweis dafür geliefert, dass sie nichts weiter als eine Ersatzreligion des Anthropozäns ist. Damals legte das schwedische Schulmädchen Greta Thunberg der heiligen Johanna gleich den Grundstein zu einer kindgerechten Klimastreikbewegung, als sie beschloss, nicht zur Schule zu gehen. Sie setzte sich stattdessen vor den schwedischen Reichstag, um dort auf ihr Anliegen aufmerksam zu machen: das Klima der Welt zu retten! So wollte sie im Vorfeld der schwedischen Wahlen gegen die Klimapolitik der Regierung protestieren. Wie anno 1429, als Jeanne d'Arc im vergleichbar zarten Alter von 16 Jahren zum ersten Mal versuchte, als vollkommen unbeschriebenes Blatt beim Stadtkommandanten der Festung Vaucouleurs vorzusprechen. Sie hatte nämlich mehrere Visionen erlebt, in denen ihr diverse Heilige befahlen, Frankreich von den Engländern zu befreien und den französischen Dauphin auf den Thron zu führen. Was sie auch unverzüglich in die Tat umzusetzen gedachte.

Die Aktion Jeannes war alsbald von Erfolg gekrönt, genauso wie heuer auch die Bemühungen Gretas. Ihre Vorteile gegenüber Jeanne sind natürlich unsere modernen Rechtsstaaten, die beim Scheitern solcher Aktionen nicht mit dem Scheiterhaufen drohen. Und nicht zu vergessen die modernen Medien, die ihrem Vorhaben erst so richtig auf die Spur helfen. Mit der Zeit weiteten sich die von Thunberg inspirierten Streiks immer weiter aus. Dem ersten globalen Klimastreik am 15. März 2019 verliehen bereits 1,8 Millionen Menschen Starthilfe, überwiegend Schüler, die seitdem mit größter Hingabe freitags die Schule schwänzen. Fridays for Future nennt sich der ganze Zinnober auf gut Deutsch. Zwischenzeitlich nimmt schon die ganze Welt an diesem hanebüchenen Mummenschanz teil, sogar in Hinterindien, in Zimbabwe und in Buxtehude. Kein Wunder also, dass auch längst schon die ersten Jünger in nächtlichen Talkshows von Lanz und Co. auftreten. In Deutschland ist es, um korrekt zu sein, eine Jüngerin namens Luisa Neubauer.

Aber all das wäre noch viel zu wenig Ersatzreligion, wenn es da nicht auch noch so etwas wie eine Vision als Leitmotiv gäbe. Die Souffleure, die der Greta und ihren Jüngerinnen und Jüngern eine solche Vision einflüstern, sind keine Geringeren als die namhaftesten Neoklimatologen à la PIK. Sie nutzen die Wissenschaftsgläubigkeit der völlig unwissenden jungen Menschen, bescheren ihnen apokalyptische Ängste, verkaufen ihnen pseudowissenschaftliche Mogelpackungen, verschweigen ihnen, dass die Klimasensitivität von CO_2 in der Normalatmosphäre gerade einmal 0,3 K beträgt und verführen sie so zu allerlei erstaunlichen wie fragwürdigen Erfolgen. Das ungeahndete Schulschwänzen rangiert nur ganz am Rande. Möglicherweise aber werden bald veraltete Schulbücher öffentlich auf dem Scheiterhaufen verbrannt. Wer weiß…

Viel bemerkenswerter ist allerdings das Aufsehen, was diese lieben Kinder mit Hilfe medialer Marketingstrategien zu erregen imstande sind. Greta hat mit großem Erfolg öffentlich erklärt: „Ich will, dass ihr in Panik geratet." Zwischenzeitlich ist diese Bewegung hysterisch und geradezu panisch reagierenden Jungvolks so weit gediehen, dass die lieben Kleinen schon politische Erfolge verzeichnen können. Regierungen, Parlamente und internationale Gremien lassen sich mittlerweile öffentlich vor laufenden Kameras von einer dummen Göre runterputzen und sind als ratlose Ko-Ignoranten bereits so begeistert von dieser Bewegung der Ahnungslosen, dass in aller Hektik entsprechende Wünsche mit milliardenschweren Konsequenzen erfüllt werden. Alles deutet darauf hin, dass so unsere Zukunft aussehen wird. Gelobt sei die Diktatur der Ignoranz! Mit Leuten wie mir, so erfuhr ich gestern in einer Talkshow, lehnt man jedwede Diskussion ab. Es sei vertane Zeit. Das erinnert mich an einen Priester, der mit einem eingefleischten Atheisten konfrontiert ist.

3 ZUR WIDERLEGUNG DER KLIMASCHUTZ-GLAUBENSSÄTZE

Wir haben in den vorausgehenden Kapiteln gezeigt, dass Klimaschutz keine wissenschaftliche Basis besitzt. Es handelt sich lediglich um eine These, die auf Glauben beruht. Hätten wir es mit einem wissenschaftlichen Ansatz zu tun, so müsste ein intersubjektiv überprüfbares, logisch abgeleitetes hypothetisches Konstrukt zu Grunde liegen, welches zwingend jederzeit auch falsifizierbar zu sein hätte. In diesem Fall müsste dieses falsche hypothetische Konstrukt neu überdacht und möglicherweise abgewandelt werden, um anschließend neu überprüft zu werden. Wäre es danach noch immer falsifizierbar, wäre es notwendigerweise ein Fall für den Papierkorb.

Logisch zu Ende gedacht erkennen wir, dass eine bloße These vom Klimaschutz im wissenschaftlichen Sinne nicht falsifizierbar ist. Eine Ersatzreligion lässt sich als Dogma erst recht nicht falsifizieren, denn dabei haben wir es ja definitionsgemäß mit der absoluten Wahrheit zu tun. Also bleibt uns im Folgenden nur die Möglichkeit, von einer unwissenschaftlichen These zu sprechen, die sich selbstverständlich widerlegen lässt.

Dies würde sich aus wissenschaftstheoretischer Sicht zwar völlig erübrigen. Aber ich möchte natürlich versuchen, meine Leser mit Hilfe einer Reihe wissenschaftlicher Gegenargumente davon zu überzeugen, dass Neoklimatologie und Klimaschutzideologie sich auf einem unwissenschaftlichen Irrweg befinden, der uns alle mehr als teuer zu stehen kommt. Je mehr Menschen diesem dummdreisten Tun der blinden Massen widersprechen, desto größer wird die Chance, diesen Schwachsinn eines Tages zu überwinden.

3.1 Kürzlich war Grönland noch grasgrün

Klima ist, wie wir wissen, keineswegs ein statisches Naturprodukt, dessen Parameter für alle Ewigkeiten festgeschrieben sind. Allein schon die Existenz von früheren Eiszeiten ist Beweis genug für die Richtigkeit dieser Feststellung. Beginnen wir deshalb mit einigen interessanten paläoklimatologischen Beobachtungen zur jüngeren klimatischen Vergangenheit, denn ein solcher Blick in den Rückspiegel kann es ermöglichen, logische und plausible Rückschlüsse auf die aktuelle klimatische Dynamik zu ziehen. Das Attribut ‚jünger‘ dürfen wir an dieser Stelle nicht ganz so eng fassen. Es geht im Folgenden schließlich nicht um menschliche Lebensabschnitte oder um geschichtliche Epochen, sondern um geologische Zeiträume. Da befinden sich 11.500 Jahre auf einer ganz anderen Zeitskala.

Kürzlich, vor rund 11.500 Jahren also, endete das als Pleistozän bezeichnete Eiszeitalter. Es bestand auf der nördlichen Hemisphäre aus vier aufeinander folgenden Kaltzeiten (Eiszeiten), die jeweils durch eine mehr oder weniger lange andauernde, zwischengeschaltete Warmzeit (Interglazial) voneinander getrennt waren. Das Ganze spielte sich in einem zeitlichen Rahmen von etwa 2,5 Millionen Jahren ab. Dieser Zeitrahmen mag dem geologischen Laien sehr lang erscheinen. Aber wenn wir einmal annehmen, das Gesamtalter der Erde betrüge 60 Minuten. Dann entsprächen die 2,5 Millionen Jahre Pleistozän nicht einmal ganz zwei Sekunden! Soviel zum Wort ‚kürzlich‘.

Als jüngstes Zeitalter sowohl der Erd- als auch der Klimageschichte schließt sich das bis heute andauernde Holozän an, welches man logisch richtig als jüngstes Interglazial des vergangenen Eiszeitalters auffassen muss, denn schließlich ist das pleistozäne Eis im Lauf des Holozäns geschmolzen. Und genau diese letzten 11.500 Jahre bieten sich für eine klimatische Rückschau an, um Informationen zur jüngsten Klimadynamik zu erhalten.

Ein solches Vorhaben ist allerdings trotz der kurzen Zeitspanne von 11.500 Jahren nicht so ganz einfach. Klimatologische Messergebnisse reichen ja leider nur an die 250 Jahre zurück!

Paläoklimatologen sind somit auf ganz anders geartete Daten angewiesen: auf so genannte Proxies (*engl. für Stellvertreter*), eine Art ‚stumme Zeugen‘, die es zum Reden zu bringen gilt. „Klima-Proxies sind geologische, physikalische, chemische oder biologische (Mess)-Parameter (im weitesten Sinne gehören dazu auch historische Aufzeichnungen über Ernteerträge, Weinanbau usw.), aus denen sich qualitative oder quantitative Paläoklimaaussagen ableiten lassen."[59] Gletschereis, Inlandeis, Tropfsteine, Korallenriffe, Pollen, Baumringe oder Torfmoore sind nur einige typische Beispiele von Proxies. Natürlich liegt es auf der Hand, dass es immer schwieriger wird, gut erhaltene Klimaarchive und deren Proxies im Gelände aufzuspüren und für Klimadatierungen auszuwerten, je weiter man zurück in die Vergangenheit geht. So etwas nennt man Feldforschung. Sie füttert die Computer mit objektiv vernünftigen Daten, so dass etwas Gutes dabei herauskommt: ‚Candy in, candy out‘ könnte der Amerikaner hier sagen.

Dank fleißiger Feldforscher ist die Datenlage für das Holozän heutzutage sehr umfangreich, so dass die Klimadynamik dieses jüngsten geologischen Zeitraums relativ lückenlos rekonstruiert werden konnte, und zwar mit spektakulären Ergebnissen (vgl. Abb. 16). So war etwa die Wende vom Ende des Pleistozäns zum Holozän bis etwa 9.000 vor heute alles andere als eine klimatisch ruhige Epoche. Innerhalb von nur 2.500 Jahren stieg das Temperaturmittel um dramatische 9° C, und zwar vom 6°C kalten Niveau der Jüngeren Dryas bis auf fast 15° C. Einen Eindruck davon, was für Folgen ein solcher Klimasprung nach sich ziehen kann, vermittelt uns der damit zusammenhängende Anstieg des Meeresspiegels, welcher sich geomorphologisch weltweit eindeutig nachweisen lässt. Er betrug sage und schreibe 130 m! Da hätten die Klimaschützer noch ohnmächtiger am CO_2-Hahn erfolglos zu drehen gehabt! Totale Frustration.

Zwar sieht die Klimakurve danach bei kleinmaßstäblichem Hinschauen sehr glatt und ruhig aus, aber bei genauerem Hinsehen

---

[59] Nach Lexikon der Biologie. Spektrum Akademischer Verlag, Heidelberg 1999. http://www.spektrum.de/lexikon/biologie/palaeoklimatologie/48929

fallen doch neun markante Höhen und acht Tiefen der Temperaturkurve auf, die bis in unsere Zeit hineinreichen. Das aktuelle Interglazial war also über neun Jahrtausende hinweg geprägt von Zeiten mit höheren (Optima) und niedrigeren Temperaturen (Pessima). Ein permanentes Auf und Ab der Temperaturkurve, und zwar bis vor 250 Jahren ganz sicher ohne jeglichen auch nur denkbaren CO_2-Einfluß, wie ich an dieser Stelle in aller Deutlichkeit feststellen möchte. Das durchschnittliche Zeitintervall einer einzelnen kompletten Klimaschwankung betrug rund 550 Jahre, wobei die zeitlichen Abstände der einzelnen Klimaschwankungen seit 3.600 Jahren deutlich kürzer ausfielen, nämlich nur noch an die 450 Jahre. Unser gegenwärtiger Temperaturanstieg reiht sich vollkommen nahtlos und undramatisch in diese Gesamtfolge von vorangegangenen 17 Klimaschwankungen ein, und zwar sowohl, was seine bisherige Dauer, als auch die Steigung der Temperaturkurve und die Höhe des Temperaturanstiegs anbelangt. Dieses müssen wir hier nicht glauben, sondern wir können es aus umseitiger Graphik (Abb. 16) direkt ablesen, und zwar ohne Anwendung mathematisch-statistischer Methoden unter Benutzung einer Großrechenanlage. Wir benötigen allerhöchstens eine geeignete Lesebrille. Wer an dieser Stelle immer noch an die Neoklimatologen glaubt, welche genau diese unsere Beobachtungen vehement negieren, dem kann ich leider nicht helfen. Er mag dieses Buch hier getrost zuschlagen und eine Spende zur Bücherverbrennung leisten.

Die ersten kleinen Kälteschwingungen erhielt die Kurve schon zwischen 9.000 und 8.000 Jahren vor heute. Verantwortlich waren zu jener Zeit noch ‚Nachwehen‘ der vorangegangenen Eiszeit. In Nordamerika lief ein glazialer Stausee von der Größe der heutigen Ostsee aus (8k-Event), und seine Süßwassermassen ergossen sich ins Meer. Dort sank der Salzgehalt schlagartig stark ab, wodurch der Golfstrom ins Stocken geriet. Deshalb kam es zu einer vorübergehenden Abkühlung des Klimas.

Im Anschluss an das 8k-Event begann das Atlantikum als wärmster Abschnitt des Holozäns *(Abb. 16)*. Seine beiden ersten Temperaturoptima (7.900 – 6.100 und 4.900 – 3.600) waren über 0,5° C wärmer als unsere Jetztzeit, ein dazwischen liegendes kurzes

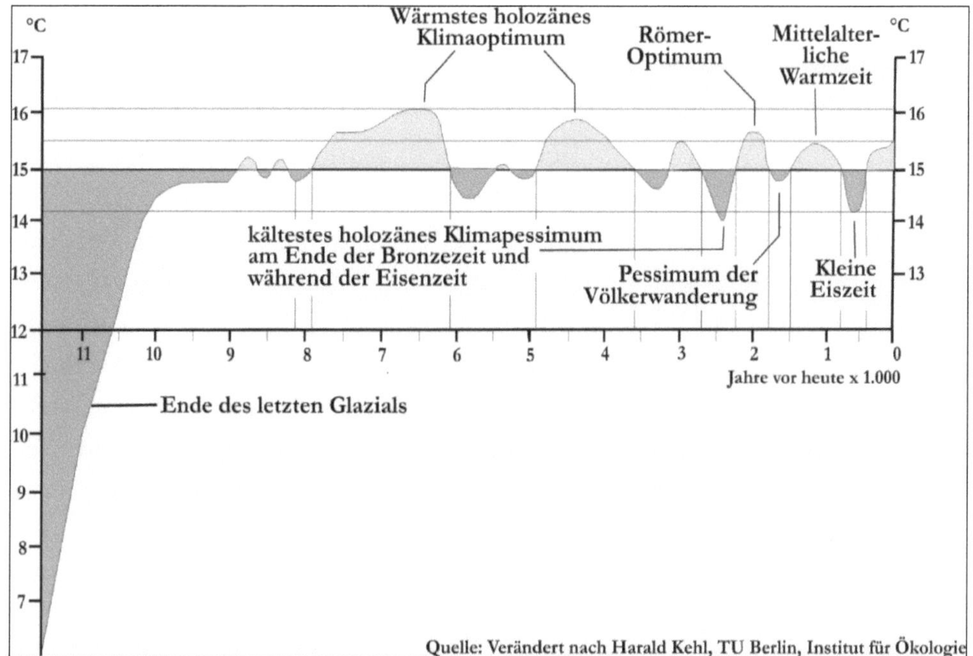

16: Dynamik der bodennahen Mitteltemperaturen auf der Nordhemisphäre während der letzten 11.500 Jahre.
Quelle: Verändert nach Harald Kehl, TU Berlin, Institut für Ökologie.
http://lv-twk.oekosys.tu-berlin.de//project/lv-twk/002-klimavariationen.htm

Pessimum war etwa 1° C kälter. Ein drittes Optimum (3.200 – 2.700) erreichte ähnliche Temperaturen, wie wir sie heute messen. Danach gingen die Temperaturen um rund 1,5° C spürbar zurück. Es war das kälteste holozäne Pessimum, welches von 2.700 bis 2.250 vor heute anhielt.

Als Nächstes folgte dann das hinlänglich bekannte, 450 Jahre währende Römeroptimum. Die Temperaturen waren 0,5° C höher als heute, und die Alpengletscher hatten sich entsprechend noch weiter zurückgebildet als heute. Ansonsten hätte sich Hannibal sicherlich schwerer getan, die Alpen mit seinen Elefanten zu überqueren! Schon 220 n. Chr. setzte das Pessimum der Völkerwanderung ein. Es war nur etwa 0,7° C kälter als heute, aber die Folgen waren verheerend. Es dauerte jedoch nur gut 300 Jahre, bis es mit den Temperaturen wiederum steil nach oben ging. Die Mittelalterliche Warmzeit mit Temperaturen ähnlich unseren heutigen sorgte von 520 bis 1.300 n. Chr. weitgehend für ein angenehmes Klima im gesamten nordatlantischen Raum, wenngleich zwei kürzere Kälteeinbrüche zu verzeichnen waren. Es entstanden Weinbaugebiete in Südengland sowie im östlichen Mitteleuropa, und die Wikinger besiedelten das an den südlichen Küstensäumen eisfreie und grüne Grönland und betrieben dort sogar Ackerbau! Aber etwa ab 1350 unserer Zeitrechnung begann es wieder, spürbar kälter zu werden. Die so genannte Kleine Eiszeit hatte die Welt mit einer um etwa 1,5° C gesunkenen Mitteltemperatur fest im Griff. Grönland vergletscherte wieder flächendeckend und wurde derart unwirtlich, dass die Wikinger die Insel verlassen mussten. Europa wurde trotz des Gletscherwachstums von katastrophalen Sturmfluten heimgesucht, und Missernten und Hungersnöte brachten Millionen von Menschen den Hungertod. Besserung trat erst um 1850 ein, als das Moderne Optimum als vorerst letzte Erwärmungsperiode des gegenwärtigen Interglazials einsetzte.

Das Holozän war bis heute also unübersehbar gekennzeichnet durch eine sehr stark ausgeprägte Klimavariabilität. Deren abruptes Ende kann nach allen Regeln der Wahrscheinlichkeit nicht ausgerechnet jetzt angenommen werden, weil plötzlich das vom Menschen emittierte CO_2 die Atmosphäre befrachtet. Eine solche Annahme könnte nur dann in Frage kommen, wenn die aktuelle Klimaerwärmung den bisherigen natürlichen Klimarahmen des Holozäns unbotmäßig übertroffen hätte. Doch dies ist zu keinem Zeitpunkt der Fall gewesen. Damit ist die Annahme der anthropogenen Klimaerwärmung vom ersten Schritt an unwissenschaftlich und als eine Scharlatanerie von Neoklimatologen entschieden zurückzuweisen. Daran ändern auch die freitäglichen Veitstänze der jugendlichen Klimaschutzideologen absolut gar nichts.

Zeitlich besonders hoch aufgelöst wurden die permanenten holozänen Klimaschwankungen in den Alpen durch die akribischen Untersuchungen von Hanspeter Holzhauser und Kollegen.[60] am Aletschgletscher *(Abb. 17)* Gletscher reagieren nicht nur

---

[60] Holzhauser, H., Magny, M. & Zumbühl, H. J.: Glacier and lake-level variations in west-central Europe over the last 3300 years. In: The Holocene 15, 2005, S. 789 – 801.

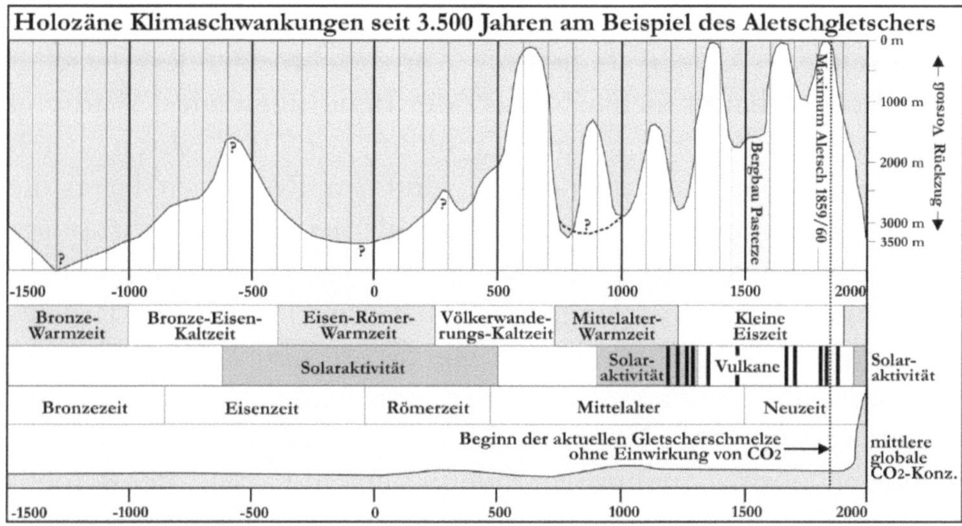

17: Gletscherschwankungen in den Zentralalpen seit dem Subboreal.
Verändert und ergänzt nach Heinz Wanner (2007) und Holzhauser et al. (2005).

hypersensitiv auf jedwede Klimaänderung, sondern sie sind auch besonders ergiebige Klimaarchive, weil sie in unserer jetzigen Warmzeit permanent zurückschmelzen und dabei ständig ergiebige Proxies, meistens in Form von Baumstammresten, freigeben. Aber sogar menschliche Überreste kommen unter dem Eis zum Vorschein, wie wir am Beispiel von ‚Ötzi' gesehen haben. Ein Gebirgsraum wie die Alpen ist jedoch nicht nur wegen seiner Gletscher für Klimarekonstruktionen besonders geeignet. Hinzu kommen auch klimagesteuerte Grenzen wie die alpine Waldgrenze. Auch sie reagiert mit rasch ablaufenden Veränderungen auf Klimaschwankungen.[61]

Eine der neuesten Forschungsarbeiten zur holozänen Gletscherentwicklung im Alpenraum lässt das heutige Abschmelzen der Alpengletscher unter einem ganz anderen Licht erscheinen. „Grüne Alpen" heißt eine neue Hypothese, welche U. E. Joerin, K. Nicolussi et al. am schweizerischen Tschiervagletscher aufgestellt und überprüft haben. Danach waren während der letzten

---

[61] Kurt Nicolussi: Klimaentwicklung in den Alpen während der letzten 7.000 Jahre. In: Oeggl, K. u. Prast, M.: Die Geschichte des Bergbaus in Tirol und seinen angrenzenden Gebieten. Innsbruck (Innsbruck University Press Conference Series) 2009, S. 109.

10.000 Jahre über mehr als die Hälfte dieses Zeitrahmens die Gletscher sehr viel kleiner als heute.[62] Zurückschmelzende Gletscher sind also überhaupt nichts Neues oder Beunruhigendes! Während des Temperaturoptimums im Atlantikum, vor 7.000 Jahren, waren die Alpen sogar fast völlig eisfrei, und zur Römerzeit lagen die Gletscherzungen an die 300 m höher als heute. Mit anthropogenem Kohlendioxid hatte das alles nichts zu tun. Das können nicht einmal mehr Neoklimatologen wie Mister zwei Grad allen Ernstes behaupten wollen. Eigentlich sollte dieses Thema endgültig im Mülleimer der Geschichte verschwunden sein, wenn man den untersten Teil von Abb. 17 zur Kenntnis nimmt. Da gibt es für Menschen mit normal funktionierendem Verstand wohl nichts mehr hinzuzufügen. Spätestens jetzt wird klar, womit wir es bei der These vom menschengemachten Klimawandel zu tun haben.

3.2 Klima ist kein statisches Artefakt der Statistik

Wie wir im vorangehenden Abschnitt gesehen haben, unterliegt Klima aus sich selbst heraus – nicht nur in geologischen Zeiträumen – stetigen und gleichzeitig sehr weittragenden natürlichen Veränderungen, ohne dass der Mensch sich als kurzfristig einwirkender Störfaktor bemerkbar macht. Klimawandel ist also systemimmanent, auch ohne jegliche anthropogene Beteiligung. Vor diesem Hintergrund ist es wissenschaftlich selbstevident, dass man nach den Ursachen natürlicher Klimaschwankungen forscht. Ohne deren einigermaßen genaue Kenntnis ist es völlig unmöglich, eventuelle anthropogene Spuren im Klimadickicht aufzuspüren und als solche zu erkennen, sofern es sie denn überhaupt gibt. Schließlich würden sie sich überlagern und verzahnen mit der natürlichen Klimavariabilität.

Für natürliche Veränderungen im Klimasystem kommen im Einzelnen infrage:

---

[62] Joerin, U. E., Nicolussi, K., Fischer, A., Stocker, T. F. and Schlüchter, C. (2008): Holocene optimum events inferred from subglacial sediments at Tschierva Glacier, Eastern Swiss Alps. Quaternary Science Reviews 27, S. 337-350.

1. Veränderungen der Randbedingungen des Systems (Plattentektonik mit Kontinentaldrift, Veränderungen der globalen Erdalbedo),

2. externe Einwirkungen, welche die Strahlungsbilanz der Erde beeinflussen können (Erdbahnparameter, Solaraktivitäten, explosiver Vulkanismus),

3. interne Schwankungen des Klimasystems.

Die unter Punkt 1 aufgeführten Faktoren spielen im Rahmen unserer Betrachtungen keinerlei Rolle, weil die hier angesprochenen Prozesse viel zu langfristig ablaufen, als dass sie für gegenwärtige Klimaveränderungen in Frage kommen könnten. Die Lithosphäre, d. h. die erstarrte feste Erdkruste und der darunter befindliche (zähflüssige) oberste Erdmantel, ist in sieben Kontinentalplatten sowie in zahlreiche kleinere Schollen zerbrochen, welche wie überdimensionale Schiffe auf dem glutflüssigen Erdinneren ‚schwimmen‘. Dieses treibende Schollenmosaik wird durch Konvektionsströme im glutflüssigen Erdinneren und durch die Erdrotation permanent bewegt, wobei verschiedene Schollen oder Teile von ihnen miteinander kollidieren oder aber auch auseinanderdriften. Man bezeichnet solche geologischen Vorgänge als plattentektonische Prozesse. Sämtliche Plattenbewegungen vollziehen sich unendlich langsam, aber dank moderner Satellitenbeobachtungen kann man die zurückgelegten Distanzen messen. Sie betragen, je nach Platte 2 – 20 cm pro Jahr! Über Zeiträume von 50, 100 oder gar mehr Millionen Jahren kommen dabei ganz beachtliche Driftraten zustande. Beispielsweise haben sich die Afrikanische und die Südamerikanische Platte mehr als 5.000 km weit voneinander getrennt! Aus plattentektonischen Prozessen ergibt sich die globale Verteilung von Land und Meer, ganze Kontinente verändern ihre Lage im geographischen Gradnetz der Erde, Ozeanbecken werden umgeformt und ausgedehnte Faltengebirge entstehen an den Kollisionszonen der Kontinentalplatten. Klimatische Konsequenzen lassen naturgemäß ‚ewig‘ auf sich warten, aber über Jahrmillionen hinweg ist es dann doch irgendwann so weit.

Bedeutsam für unser Thema sind dagegen externe Einwirkungen, welche die Strahlungsbilanz der Erde beeinflussen können, und interne Schwankungen des Klimasystems, die kurzfristige regionale Klimaunregelmäßigkeiten nach sich ziehen. Erstere, weil sie tatsächlich für lang- bis kurzfristige Klimaveränderungen verantwortlich sind, letztere, weil sie von Neoklimatologen gerne als ‚Belege‘ eines angeblich anthropogenen Klimawandels missbraucht werden.

3.3 Die Sonne bringt es an den Tag

Fassen wir noch einmal kurz zusammen: Der Klimafaktor Mensch kann nach allen paläoklimatologischen Befunden allenfalls eine absolut marginale Rolle spielen. Es ist vielmehr die Natur, welche als wesentliches Steuerungselement des Klimas in Frage kommt. Und hier wiederum kann es nur die Sonne sein, denn einzig und allein sie ist es, die unser Erdsystem mit klimatisch wirksamer Energie versorgt. Allein die Sonne ist die Quelle, aus der die gesamte Energie stammt, welche die Planetarische Zirkulation der Atmosphäre mit all ihren klimatologischen und meteorologischen Erscheinungen in Bewegung setzt.

Grundgröße aller Berechnungen über die globale Verteilung der Sonneneinstrahlung ist die *Solarkonstante*. Sie ist definiert als „diejenige Strahlungsenergie, welche oberhalb des Atmosphäreneinflusses bei mittlerem Sonnenstand und senkrechtem Strahleneinfall in einer Minute durch die Flächeneinheit fließt.“[63] Ihre genaue Bestimmung mit einem Mittelwert von $1368 \ \mathrm{W \cdot m^{-2}}$ war erst durch Satellitenmessungen möglich geworden. Ein Mittelwert ergibt sich aus der Tatsache, dass die Solarkonstante eben doch nicht so ganz konstant ist. Ihre Größe schwankt beispielsweise im Jahresgang zwischen dem Aphel genannten sonnenfernsten Punkt der Erde (-3,5 %) und dem Perihel als sonnennächstem Punkt

---

[63] Wolfgang Weischet: Einführung in die Allgemeine Klimatologie. Berlin-Stuttgart (Borntraeger) 2002, S. 34.

(+3,4 %). Außerdem gibt es aus extraterrestrischen Gründen kurzzeitige Schwankungen von 1,5 %.

Selbstverständlich ist die Solarkonstante ein theoretischer Wert, denn zum einen besitzt die Erde eine Atmosphäre, welche einen reflektierenden und auch einen absorbierenden Einfluss auf einfallende Sonnenstrahlung ausübt, und zum anderen kann die Sonnenstrahlung nicht überall auf der kugelförmigen Erde senkrecht einfallen. Die Sonnenenergie verteilt sich demnach ungleichmäßig über den Globus, wie wir alle wissen. Dieses solarklimatische Energieverteilungsmuster, wie es sich theoretisch unter Weglassen der Atmosphäre ergeben würde, lässt sich mit einfachen geometrischen Mitteln berechnen. Die Tabelle unten offenbart uns diesbezüglich hochinteressante Zusammenhänge, welche erahnen lassen, wie sich geringfügige Schwankungen der Sonneneinstrahlung auf das globale Klima auswirken können.

N	21.03.	06.05.	22.06.	08.08.	23.09.	08.11.	22.12.	04.02.
90°	-	796	1110	789	-	-	-	-
70°	316	772	1043	765	312	25	-	25
50°	593	894	1020	886	586	295	181	298
30°	799	958	1005	949	789	581	480	586
10°	909	921	900	913	898	813	756	820
0°	923	863	814	856	912	897	896	905
10°	909	783	708	776	898	956	962	965
30°	799	560	450	555	789	994	1073	1003
50°	593	285	170	282	586	929	1089	937
70°	316	24	-	24	312	802	1114	809
90°	-	-	-	-	-	826	1185	831
S	21.03.	06.05.	22.06.	08.08.	23.09.	08.11.	22.12.	04.02.

Tagessummen der Einstrahlung im solaren Klima für bestimmte Tage im Jahr (Kalorien pro cm² u. Tag).[64]

1. Nur zur Zeit der Äquinoktien (21. März und 23.September), wenn überall zwölf Stunden Tag ist, sind die Strahlungsmengen symmetrisch verteilt, d. h. sie nehmen vom Äquator zu

---

[64] Wolfgang Weischet: Einführung in die Allgemeine Klimatologie. Berlin-Stuttgart (Borntraeger) 2002, S. 37.

den Polen sukzessive bis auf null ab. Diese Strahlungsverteilung würde man als Laie ganzjährig erwarten, was jedoch keineswegs zutreffend ist. Lediglich um diese beiden Termine herum ist die eingestrahlte Energiemenge alleine vom unterschiedlichen Sonnenstand abhängig!

2. Anfang Mai (Anfang November auf der Südhalbkugel) befindet sich das Strahlungsmaximum bereits nicht mehr am Äquator, sondern es ist bis auf 30° polwärts gewandert. Entscheidend ist die Strahlungsdauer, welche am Äquator zu dieser Jahreszeit eine volle Stunde kürzer ist. In Polnähe beträgt die Tageslänge bereits 24 Stunden, weshalb hier ein sekundäres Strahlungsmaximum auftritt.

3. Das überraschendste Ergebnis verzeichnen wir zur Sommersonnwende, dem sogenannten Solstitium (22. Juni bzw. 22. Dezember). Dann nämlich befindet sich das Strahlungsmaximum in der jeweiligen Polarregion. Es handelt sich dank der Tagesdauer von 24 Stunden sogar um das absolute Strahlungsmaximum, welches selbst in den Tropen nie erreicht werden kann! Dort liegt es, man mag das kaum glauben, fast um 20 % niedriger. Die Strahlungsmenge, welche dem Nordpolargebiet von Ende Mai bis Mitte Juli zur Verfügung steht, würde ausreichen, um täglich eine 14 cm dicke Eisschicht aufzutauen! Wen kann es da noch großartig wundern, dass in manchen Jahren das Meereis komplett abschmilzt? Das ist ein völlig normaler Vorgang, der nicht unbedingt etwas mit einer Klimaerwärmung zu tun hat.

4. Die strahlungsintensive Sommerperiode dauert in den polaren Breiten allerdings nur etwa 2,5 Monate. Für die übrige Zeit des Jahres beträgt der Energie-Input dagegen null. Es stehen also fast zehn Monate zur Verfügung, um die im Sommer aufgetauten Eismassen zu ersetzen. An den Polen werden insgesamt nur 40 % der äquatorialen Energiemenge eingestrahlt, an den Polarkreisen sind es 50 %.

Die sehr aufschlussreiche Tabelle von Wolfgang Weischet zeigt uns in aller Deutlichkeit, welch bedeutsame Rolle die Sonne bei der

Gestaltung des Weltklimas spielt. Besonders sensibel reagiert das Klimasystem, wenn sich, aus welchem Grund auch immer, die globale Strahlungsbilanz verändert. Aber wie kann so etwas überhaupt auf natürliche Weise geschehen? Und wie sehen die Auswirkungen aus? Hat es so etwas im Lauf der Erdgeschichte schon einmal gegeben?

3.3.1 Die Erdbahn ist nicht wirklich stabil

Diesen Fragen hat sich bereits seit dem frühen 20. Jahrhundert der in der k. u. k. Monarchie von Österreich-Ungarn geborene serbische Ingenieur, Mathematiker und Geophysiker Milutin Milanković gewidmet. Er ging von dem Ansatz aus, dass der solare Energieeintrag in das Klimasystem der Erde u. a. von Position und Orientierung der Erde gegenüber der Sonne abhängt. Bereits 1914 entstand ein erstes Manuskript über den Einfluss astronomischer Zyklen auf das Klima der Erde. „Mathematische Theorie der thermischen Phänomene verursacht durch Solarstrahlung" war der Titel seines 1920 in Frankreich veröffentlichten Buches, welches ihn unter den Paläoklimatologen seiner Zeit berühmt werden ließ.[65] Milanković hat den bemerkenswerten Versuch unternommen, mit seiner Theorie einen Zusammenhang herzustellen zwischen dem Strahlungshaushalt der Erde und den Eiszeiten des Pleistozäns.[66] Er fand heraus, dass neben jährlichen auch langperiodische Schwankungen der Solarkonstanten existieren. Sie werden hervorgerufen durch berechenbare Variationszyklen der astronomischen Erdbahnparameter, ausgelöst durch Gravitationseinwirkungen von Sonne, Mond und Planeten. Man unterscheidet dabei zwischen der Präzession der Erdrotationsachse, der Neigung der Erdachse (Schiefe der Ekliptik) und der Exzentrizität der Erdumlaufbahn. Diese auf großen Zeitskalen ablaufenden Zyklen werden als Milanković-Zyklen bezeichnet.

---

[65] Milutin Milanković: Théorie mathématique des phénomènes thermiques produits par la radiation solaire. Paris (Gauthier-Villars) 1920.

[66] Milutin Milanković: Kanon der Erdbestrahlung und seine Anwendung auf das Eiszeitenproblem. In: Académie royale serbe. Éditions speciales 132 [vielm. 133]. Belgrad 1941.

Präzession nennt man das Kreisen der geneigten Erdachse um die Senkrechte der Erdbahnebene, und zwar mit einer Periode von 25.800 Jahren. Eine in etwa vergleichbare Bewegung vollführt die taumelnde Achse eines auslaufenden Kreisels. Als Konsequenz dieses Phänomens treten die Jahreszeiten nicht immer im gleichen Bahnpunkt der Erdbahnellipse auf. Aktuell durchläuft die Erde ihren sonnennächsten Punkt, das so genannte Perihel (147 Mio. km), am 3. Januar, also mitten im Nordwinter. Das Aphel als sonnenfernster Punkt (152 Mio. km) wird am 4. Juli erreicht. In 11.000 Jahren dagegen wird das Perihel im Nordsommer durchlaufen, so dass die Jahreszeiten auf der Nordhalbkugel dann deutlich akzentuierter ausfallen werden, d. h. die Winter werden länger und kälter, die Sommer kürzer und wärmer. Dieser Zustand herrscht aktuell auf der Südhalbkugel.

Die Schiefe der Ekliptik, d. h. die Neigung der Erdachse gegen die Senkrechte der Erdbahnebene, variiert mit einer Periode von 41.000 Jahren zwischen rund 22,1° und 24,5°. Die Veränderungen des Neigungswinkels führen ebenfalls zu Verschiebungen in der Ausprägung der Jahreszeiten, denn je größer der Neigungswinkel, desto kälter die Winter und desto wärmer die Sommer. Aktuell beträgt die Neigung der Erdachse rund 23½°. Sie liegt damit etwa im Mittel zwischen den Extremwerten.

Als Exzentrizität bezeichnet man das Maß für die Abweichung der elliptischen Umlaufbahn eines Planeten von der Kreisform. Je größer die Exzentrizität, desto stärker weicht die Bahn von der Kreisform ab. Sie nimmt Werte zwischen 0 und 1 an, wobei 0 der idealen Kreisbahn und 1 dem freien Fall in den umkreisten Körper entspricht. Die Erdumlaufbahn um die Sonne ist gegenwärtig nur leicht elliptisch. Ihre Exzentrizität beträgt lediglich 0,0167. Mit einer Periodizität von 100.000 Jahren ändert sich die Exzentrizität jedoch permanent. Ihren bisher niedrigsten Wert von weit weniger als 0,01 erreichte sie vor 370.000 Jahren, die Erdumlaufbahn war damals fast kreisförmig. 160.000 Jahre später stellte sich mit etwa 0,05 ein Maximalwert ein. Die Bahn war elliptischer als heute. Das bedeutet, dass die Intensität der Solarstrahlung in den letzten Jahrhunderttausenden stark variiert hat. Der Einstrahlungsunterschied zwischen sonnenfernstem und sonnennächstem Punkt beträgt heute rund 7 %. Auf der Nordhalbkugel ist das Winterhalbjahr entsprechend sieben Tage kürzer als das Sommerhalbjahr. Beim Exzentrizitätsmaximum vor 210.000 Jahren betrug die Strahlungsdifferenz 30 %!

„Ein Effekt, der von Milanković in seinen Berechnungen nicht berücksichtigt wurde, ist die periodische Kippung der Erdbahnebene im Vergleich zur Sonne-Jupiter-Ebene, die wie die anderen Störungen auch im Wesentlichen durch Jupiter und Saturn verursacht wird. Der Zyklus von etwa 100.000 Jahren deckt sich gut mit der Periodizität der Eiszeiten."[67]

Die These, dass die auf sehr großer Zeitskala ablaufenden Veränderungen der Erdbahnparameter im Lauf der Erdgeschichte klimatische Auswirkungen gezeitigt haben, wollte man Milanković zunächst nicht abnehmen. Heute spricht man seinen Milanković-Zyklen jedoch bei langfristigen Klimaänderungen eine echte Wirkung zu. Sie werden sogar „als Schrittmacher der Eiszeitzyklen angesehen." Das will im Klimakrieg ja schon Einiges heißen! Die Beweise waren offenbar doch übermächtig.

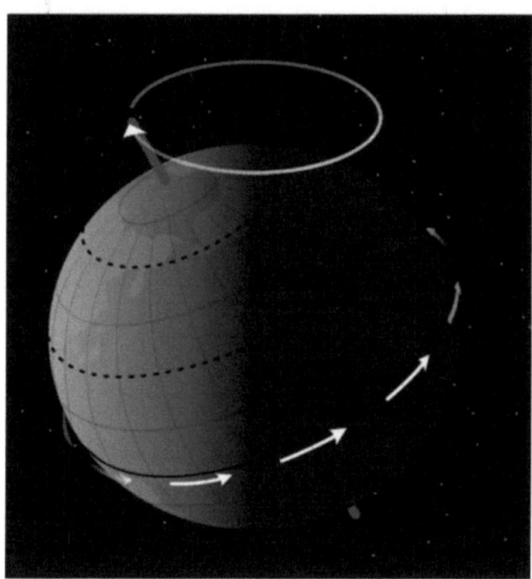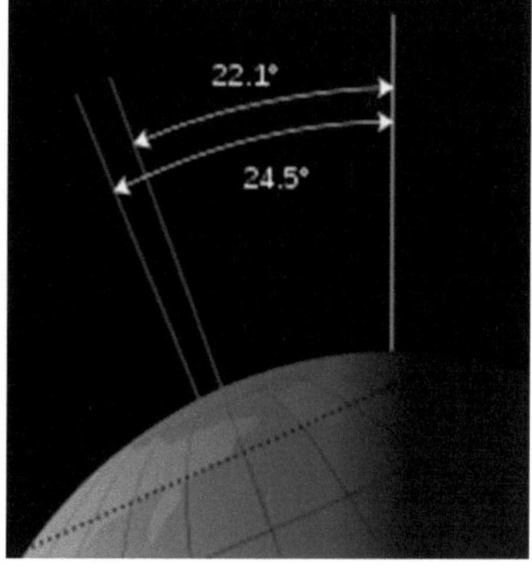

18/19: Präzessionsbewegung der Erdrotationsachse und Schiefe der Ekliptik.

Quelle: http://de.wikipedia.org/wiki/Milanković-Zyklen

---

[67] Nach Wikipedia https://de.wikipedia.org/wiki/Milanković-Zyklen

Allerdings ist davon auszugehen, dass sich noch mehrere Rückkopplungseffekte als verstärkende Elemente hinzugesellt haben müssen, beispielsweise eine Eis-Albedo-Rückkopplung. Die Temperaturamplituden zwischen den pleistozänen Warm- und Kaltzeiten haben immerhin 10 – 12° C betragen, ein Wert, der allein durch Verschiebungen der Erdbahnparameter nicht zustande kommen könnte. Sie verursachen angeblich nur sehr geringe Temperaturabweichungen, die bei einer Größenordnung von Hundertstel Grad Celsius pro Jahrhundert liegen. [68] Eine Behauptung, die in Anbetracht der Tabelle von Weischet und deren Konsequenzen (s. S. 104) stark in Zweifel zu ziehen ist.

Die sehr langfristig wirkenden Milanković-Zyklen sind zwar geeignet, den auf großer Zeitskala ablaufenden Wechsel zwischen Eiszeiten und Warmzeiten anzustoßen, ja sogar zu bestimmen, sie können jedoch keineswegs auf kurzfristige klimatische Ereignisse einwirken, wie sie seit dem Ende der letzten Eiszeit beobachtet werden. Deren Zeitskalen bewegen sich lediglich bei Jahrzehnten bis Jahrhunderten. Zeiträume von über 100.000 Jahren sind hier gleich mehrere Nummern zu groß.

3.3.2 Auch die Sonnenaktivität schwankt beträchtlich

Auf der Suche nach einer noch ausstehenden Erklärung für die ausführlich besprochenen holozänen (nacheiszeitlichen) Klimaschwankungen (vgl. Abschnitt 3.1) liegt es natürlich nahe, die Sonne als einzige Wärmequelle im Blickfeld zu behalten; sie auf mögliche zyklische Schwankungen zu untersuchen, die das Klima der Erde beeinflussen könnten, beispielsweise auf zyklische Veränderungen der Sonnenaktivität. Seit der Erfindung des Fernrohrs durch den niederländischen Brillenmacher Hans Lipperhey um 1608 steht die Sonne unter permanenter, wenn auch zunächst nur sporadischer Beobachtung. Bereits 1610 wurden die

---

[68] Nach Jucundus Jacobeit: Zusammenhänge und Wechselwirkungen im Klimasystem. In: Der Klimawandel. Einblicke, Rückblicke und Ausblicke. Hrsg. W. Endlicher u. F.-W. Gerstengarbe, Potsdam 2007, S. 3.

Sonnenflecken dokumentiert. Doch es sollte noch bis 1843 dauern, bis der Apotheker und Hobbyastronom Samuel Heinrich Schwabe als Erster Aktivitätsschwankungen der Sonne entdeckte. Von 1645 bis 1715 nämlich befand man sich im so genannten Maunderminimum der ‚Kleinen Eiszeit‘, einer empfindlich kühlen Klimaperiode, in der es so gut wie gar keine Sonnenaktivitäten zu beobachten und zu entdecken gab. Es folgte kurz darauf zu allem Überfluss auch noch das Daltonminimum (1790 – 1830). Damals lag die Mitteltemperatur zwar nur um 0,5° C niedriger als im Vergleichszeitraum 1971 – 2000, aber es waren alle Gletscher weltweit auf dem Vormarsch, Missernten und Hungersnöte waren an der Tagesordnung.

Schwabe fand heraus, dass die Anzahl der Sonnenflecken, welche als Maß für solare Aktivität dient, in einem etwa elfjährigen Zyklus schwankt. Dieser nach ihm benannte Schwabezyklus ist der kürzeste bekannte Sonnenfleckenzyklus. Schwabe unterbreitete seine Erkenntnisse dem damaligen Leiter der Züricher Sternwarte, Rudolf Wolf. Dieser bestätigte Schwabes Beobachtungen und machte sich alsbald daran, die Periodizität der Sonnenflecken über das Jahr 1826 bis zu Galilei zurück zu rechnen. Auf diesem Weg rekonstruierte er die statistische Entwicklung der Sonnenaktivität ab dem Jahr 1749. Wolf nummerierte die Sonnenfleckenzyklen, beginnend bei null. Der 0. Zyklus hatte sein Maximum 1749. Vorangegangene Zyklen erhielten negative Zahlen. Gegenwärtig befinden wir uns im 24. Zyklus.

Zwischenzeitlich haben die Solarforscher das solare Magnetfeld als Ursache der Sonnenflecken ausgemacht. Von einem zum nächsten Zyklus wechselt die magnetische Polarität der Flecken, so dass dem 11-jährigen Zyklus eigentlich ein doppelt so langer Zyklus zugrunde liegt, der 22-jährige Halezyklus. Aber längst hat man noch weitere Sonnenfleckenzyklen gefunden, etwa den 80-jährigen Gleissbergzyklus. Darüber hinaus lassen sich auch noch längerfristigere Veränderungen der Sonnenfleckenzahl und damit der Sonnenaktivität über Jahrhunderte in den Beobachtungen feststellen. Der De-Vries-Zyklus beispielsweise hat eine mittlere Periodenlänge von rund 200 Jahren. Zweifellos erhebt sich hier die Frage nach einem möglichen Zusammenhang zwischen Sonnenfleckenaktivitäten und Klimaschwankungen auf kleiner Zeitskala. Dies umso mehr, als zwischen 1850 und 2000 eine deutliche Zunahme der Sonnenfleckenzahl von bis zu 100 % festgestellt wurde und genau gleichzeitig die globale Mitteltemperatur um 0,7° C gestiegen ist. Da die Erwärmung sehr zum Unwillen der Neoklimatologen nunmehr aber schon seit 1998 mehr oder weniger zum Stillstand gekommen ist, mehren sich längst auch die Stimmen derer, die eine vor uns liegende Abkühlungsphase erkennen wollen.

In vorderster Linie arbeitet auf diesem Gebiet der dänische Sonnenforscher Henrik Svensmark, der mit seinen Kollegen Shaviv und Veizer die These vertritt, dass magnetische Sonnenaktivität, kosmische Strahlung und die von ihnen gesteuerte Wolkenbildung für die Erdtemperaturen von erheblicher Bedeutung sind. Hochsignifikante Korrelationsrechnungen zum parallelen Verlauf von globaler Temperaturkurve und Sonnenaktivitätskurve bestätigen dies. Ihrer Meinung nach wird die Wirkung der Sonnenaktivität bisher weitgehend unterschätzt. 2007 veröffentliche Svensmark seine Theorie in englischer Sprache und musste, wie nicht anders zu erwarten, scharfe Kritiken von neoklimatologischer Seite über sich ergehen lassen. Eine Übersetzung ins Deutsche erfolgte ein Jahr später.[69]

Bei weitem nicht so aufwendig, aber trotzdem nicht minder interessant ist ein geradezu aufsehenerregender Aufsatz von Horst Malberg, dem zwischenzeitlich emeritierten früheren Leiter des Meteorologischen Instituts der FU Berlin.[70] Er wird seit dieser Veröffentlichung von Neoklimatologen wie ein ‚Häretiker' ins Abseits gestellt. Auch er kommt aufgrund von Korrelationsrechnungen über den Zeitraum von 1672 bis 1999 zu dem Ergebnis, dass zu 80% Schwankungen der Sonnenaktivität für den Klimawandel von

---

[69] Nigel Calder und Henrik Svensmark: Sterne steuern unser Klima: Eine neue Theorie zur Erderwärmung. Düsseldorf (Patmos) 2008.

[70] Horst Malberg: Langfristiger Klimawandel auf der globalen, lokalen und regionalen Klimaskala und seine primäre Ursache: Zukunft braucht Herkunft. In: Beiträge zur Berliner Wetterkarte. Hrsg. Verein BERLINER WETTERKARTE e.V. zur Förderung der meteorologischen Wissenschaft. Berlin 2009.

der mittelalterlichen Kleinen Eiszeit (Maunderminimum) bis heute verantwortlich sind. Da die im Untersuchungszeitraum aufgetretenen Klimaschwankungen in die rund 200-jährigen Schwingungen des De-Vries-Zyklus passen, befinden wir uns nach Malbergs Einschätzung „mit sehr hoher Wahrscheinlichkeit derzeit am Ende einer Wärmeperiode und damit am Beginn einer Abkühlung als Folge eines zu erwartenden solaren Aktivitätsrückgangs".[71] Aufgrund der Größenordnungen der berechneten Korrelationskoeffizienten zwischen 90 und 100 % bei Irrtumswahrscheinlichkeiten von lediglich 0,01 % können wir es getrost als erwiesen betrachten, dass die Klimaschwankungen der letzten 350 Jahre ursächlich auf Schwankungen der Sonnenaktivität zurückgehen. Interessant ist in diesem Zusammenhang ein Vortrag von Professor Malberg zum Thema, welcher im Internet zugänglich ist.[72] Spätestens an dieser Stelle könnte man das Thema ‚anthropogener Klimawandel' unter der Rubrik ‚bedeutungslos' zu den Akten legen. Aber es gibt ja noch zahlreiche weitere Ansätze, die den anthropogenen Klimawandel in den Bereich der absoluten Marginalität verweisen.

3.4 Klimaantrieb und Klimasensitivität als Kenngrößen des Klimawandels

Ob es sich beim Klimawandel nun um einen vorrangig durch den Menschen verursachten Prozess handelt oder um einen clever eingefädelten Schwindel von Wirtschafts- und Politmanagern in Tateinheit mit ‚gekidnappten' Klimaforschern, um einen weitestgehend natürlichen Vorgang oder aber nur um ein gigantisch übertriebenes Hirngespinst der Medien, beschäftigt bis heute im Wesentlichen bloß die viel geschmähten, als Klimaskeptiker diffamierten Klimarealisten. ‚Gestandene Wissenschaftler' vom Stamm der

---

[71] Ebda., S. 11.

[72] https://www.afd-main-spessart.de/prof-fuer-meteorologie-horst-malberg-ueber-die-ersatzreligion-klimawandel/

Neoklimatologen kümmert derartiges Gedankengut aus ‚unqualifizierten, unwissenschaftlich denkenden Rentnerhirnen' herzlich wenig. Für sie steht, einem Dogma gleich, ohne jeden Zweifel fest, dass natürliche Ursachen für einen Wandel unseres Klimas zwar ganz am Rande, in weiter Ferne, in Frage kommen, aber weit im Vordergrund steht der Mensch mit seinem ach so zügellosen Ausstoß von CO_2 und allerlei anderen Treibhausgasen.

Die beschriebene Situation entspricht in etwa dem gegenwärtigen Stand der globalen Klimadiskussion, soweit man davon überhaupt noch sprechen kann. Dieses Brimborium hat eigentlich so gut wie gar nichts mit Wissenschaft zu tun, denn es gleicht eher einem chaotischen Schlachtfeld, auf dem jeder gegen jeden das Kriegsbeil schwingt. Trotz des feindseligen Durcheinanders hat sich im Lauf der hitzigen Auseinandersetzungen ein schon seit den 1970er Jahren in der Klimatologie verwendetes Begriffspaar herauskristallisiert, welches vom Prinzip her eigentlich geeignet sein könnte, die feindlichen Lager zusammenzuführen und ein für alle Mal zu befrieden: Klimaantrieb und Klimasensitivität.

Das Klimasystem ist jedoch bekanntermaßen ein äußerst komplexes Gebilde. Störungen seiner Randbedingungen und damit einhergehende Klimaveränderungen sind deshalb nur sehr schwierig zu erfassen. Besondere Probleme bereiten dabei die vielfältig miteinander verwobenen internen Rückkopplungen, welche insbesondere bei einer Störung des Strahlungshaushalts in Gang gesetzt werden. Deshalb vereinfacht man die komplexe Untersuchung von Klimaveränderungen zunächst dadurch, dass man die Störungen des Strahlungshaushalts von den internen Rückkopplungen des Klimasystems trennt. Die Störungen des Strahlungshaushalts bezeichnet man als **Klimaantrieb** (engl. ‚Radiative Forcing'), der üblicherweise in W/m² quantifiziert wird.

Hat man einen oder mehrere Klimaantriebe als Summe quantifiziert, will man natürlich wissen, wie sich die ermittelte Störung etwa auf die mittlere globale Temperatur der bodennahen Luftschicht der Atmosphäre auswirkt. Zur Beschreibung einer hier feststellbaren Temperaturänderung dient die so genannte **Klimasensitivität** (engl. ‚Climate Sensitivity'). Sie ist üblicherweise definiert als die zu erwartende global gemittelte Temperaturzunahme für eine angenommene Störung, z. B. bezüglich einer Verdopplung des CO_2-Gehalts der Atmosphäre. Hierbei ist strikt darauf zu achten, dass jedwede Rückkopplung absolut ausgeschlossen ist. Bei der Berechnung der Klimasensitivität dürfen in diesem Fall also keine anderen Treibhausgase neben CO_2 vorhanden sein.[73]

3.4.1 An der Demarkationslinie zwischen Klimatologie und Ideologie

Eine Berechnung des Klimaantriebs von CO_2 hat in der Klimatologie natürlich schon sehr früh große Aufmerksamkeit hervorgerufen. Die annähernd gesättigten Absorptionsbanden von CO_2 sind deshalb schon seit beinahe 60 Jahren im Detail untersucht worden. „Ihre spektroskopischen Daten sind uns durch Labormessungen sehr gut bekannt. Änderungen der Strahlungsflüsse bei einer Änderung des CO_2-Gehalts der Atmosphäre können deshalb mit sehr hoher Genauigkeit berechnet werden. Für die anderen klimarelevanten Spurengase ist die Unsicherheit bei den spektroskopischen Daten zwar größer, aber trotzdem ist die Ungenauigkeit durchweg kleiner als 10%."[74]

„Die Änderung des infraroten Strahlungsflusses (*Anmerkung*: der Klimaantrieb) ist durch die Konzentrationsänderungen der klimarelevanten Spurengase bei einer äquivalenten CO_2-Verdoppelung ca. 4 W/m². ‚Äquivalente CO_2-Verdoppelung' bedeutet, dass der Effekt auf den Strahlungsfluss bei Zunahme verschiedener Spurengase einer Verdoppelung der CO_2-Konzentration entspricht. Die 4 W/m² sind im Vergleich zum gesamten infraroten

---

[73] Nach Walter Roedel u. Thomas Wagner: Physik unserer Umwelt: Die Atmosphäre. Heidelberg, Dordrecht, London, New York (Springer) 2011, S. 538.

[74] Fischer, H. et al.: Die Basis des anthropogenen Treibhauseffektes: Veränderte Strahlungsflüsse in der Atmosphäre. Stellungnahme der Deutschen Meteorologischen Gesellschaft zu den Grundlagen des Treibhauseffektes, Berlin (Institut für Meteorologie der Freien Universität) 1999.

http://www.dmg-ev.de/wp-content/uploads/2015/12/treibhauseffekt.pdf. Zuletzt überprüft 03.12.2019.

Strahlungsfluss in den Weltraum von ca. 240 W/m² relativ wenig, jedoch reichen sie in einer Atmosphäre ohne Berücksichtigung der Rückkopplungseffekte im Klimasystem für eine Temperaturerhöhung von deutlich mehr als einem Grad aus." Und das Fazit: „Es ist wissenschaftlich eindeutig nachgewiesen, dass sich die Strahlungsflüsse im System Erde/Atmosphäre durch die Zunahme der klimarelevanten Spurengase verändern. Ohne Berücksichtigung der Rückkopplung mit dem komplexen Klimasystem würde dies mit Sicherheit zu einer Erwärmung der Erdoberfläche und der Troposphäre führen. Die eigentliche, wissenschaftlich herausfordernde Debatte beschäftigt sich mit der Frage, inwieweit die verschiedenen Rückkopplungsprozesse die strahlungsbedingte Erwärmung verstärken oder dämpfen."[75]

Eigentlich hätten die Autoren hier auch noch einen Schritt weiter gehen können. Warum wird nicht offen gesagt, dass CO_2 beim Klimawandel möglicherweise eine absolut überschätzte Rolle spielt? Bei einer Verdoppelung der gegenwärtig vorhandenen rund 400 ppm auf unerreichbare 800 ppm CO_2 würde der resultierende Temperaturanstieg ohne Einbeziehung eventueller Rückkopplungen theoretisch nur ein einziges lächerliches Grad Celsius betragen. Und bei Einbeziehung von Rückkopplungen? Könnte da die Erwärmung womöglich sogar geringer ausfallen? Das wäre doch eine Feststellung aus berufenem Munde, welche die ganze Welt nachhaltig beruhigen könnte! Dabei wird uns eine Verdoppelung der heute vorhandenen globalen CO_2-Menge von gut 410 ppm gar nicht mehr möglich sein, da die fossilen Energiereserven unserer Erde schon lange vorher längst erschöpft sein werden!

Immerhin lassen die zitierten Autoren hier hinter vorgehaltener Hand etwas anklingen, was man heutzutage als engagierter Neoklimatologe, der auf seinen guten Ruf und vor allem auf seinen Forschungsetat bedacht ist, eigentlich gar nicht auszusprechen wagt. Zu übermächtig ist die dogmatische Selbstverständlichkeit, mit der angenommen, ja sogar blind vorausgesetzt wird, CO_2 als wichtigste Pflanzennahrung und damit auch als unsere Lebensgrundlage sei

---

[75] Ebda.

ein gefährliches Klimagift, und schon seine relativ geringfügige Vermehrung in der Atmosphäre würde eine katastrophale Klimaerwärmung auslösen. Dabei kann diese Aussage an jedem Stammtisch als blanker Blödsinn entlarvt werden (vgl. S.126).

Zusammenfassend ist der Klarheit halber Folgendes festzuhalten: Bei einer äquivalenten Verdoppelung der gegenwärtigen atmosphärischen CO_2-Konzentration von rund 400 ppm auf 800 ppm wird der Klimaantrieb oder das Forcing um rund 4 W/m² ansteigen. Ohne jedwede Rückkopplung würde die Klimasensitivität sich dann auf 1,1° C belaufen, d. h. die gemittelte globale Temperatur der bodennahen Luftschicht würde sich um 1,1° C erhöhen.

Diese von der ***Deutschen Meteorologischen Gesellschaft*** veröffentlichten Daten werden der Größenordnung nach selbst von den Neoklimatologen und natürlich auch von den Klimarealisten als korrekt akzeptiert. Das IPCC als offizielles Klimasprachrohr der Alarmisten in aller Welt geht sogar, man höre und staune, noch einen gehörigen Schritt weiter und kommt mit seinen Berechnungen auf nur 3,7 W/m²! Und auch die vielgepriesene Klimasensitivität ist durch neuere Rechenergebnisse auf nur noch 1° C zusammengeschrumpft.

Ganz automatisch drängt sich an dieser Stelle langsam aber sicher die Alles entscheidende Frage auf: Wo ist jetzt noch Raum für die vom Klimatrio ultimativ vorgegebene Klimakatastrophe, welche in den kommenden Jahrzehnten auf uns niederprasseln wird? Wo soll denn um Himmels Willen das tagtäglich bis zum Gehtnichtmehr gepredigte 2°-Ziel jetzt noch untergebracht werden? Und die Billionen von Euros, welche der Apokalypse zum Fraß vorgeworfen werden sollen?

Genau an dieser Stelle gerät das Grundgerüst des intuitiven Konstrukts vom Klimawandel in gefährliche Schräglage, weil es dereinst vorschnell und überhastet, sprich wissenschaftlich nicht professionell errichtet worden war. Es stellt letztendlich nichts weiter als ein Soll-Ergebnis dar, welches aufgrund der Verzahnung von Neoklimatologie und Politik zu keinem Zeitpunkt eine Falsifizierung dulden konnte. Aus dieser fatalen Ehe gibt es kein Zurück mehr. Ein gänzlich unwissenschaftlicher Tatbestand also, bei dessen Kenntnis sich ein Karl Popper unweigerlich im Grab umdrehen würde. Anstatt ein intersubjektiv nachprüfbares und falsifizierbares hypothetisches Konstrukt zu entwickeln und dieses empirisch zu testen, wie es für moderne Naturwissenschaften unabdingbar ist, wurde das stellenweise undurchschaubare Gewurstel als Dogma einer Klimaideologie unbeirrbar durchgezogen. Kritiker wurden diffamiert und, wo immer möglich, als Häretiker aus dem Verkehr gezogen.

Hilfsweise wurde in höchster Bedrängnis der Wasserdampf zusammen mit weiteren vermuteten Rückkopplungen des Klimasystems ‚in die Verantwortung genommen'. Zwar hinkt genau hier die Forschung hinterher, aber es könnte ja sein, dass die Klimasensitivität jetzt endlich wieder in die Höhe schnellt. Ungewissheiten, gepaart mit Wunschdenken und vorgegebenen Ergebnissen, bilden ab hier das Fundament der so genannten Klimaforschung. Und exakt an dieser Stelle, der Demarkationslinie zwischen Wissenschaft und Ideologie, trennen sich die Wege von ergebnisoffener wissenschaftlicher Klimatologie (Klimarealismus) und unwissenschaftlicher Neoklimatologie.

Wie konnte es überhaupt zu dieser unseligen Konstellation kommen? Zur Erinnerung: Ursprünglich hatten klimatologische Laien den wissenschaftlich arbeitenden Klimatologen über die Schulter geschaut und mit unbedarfter Euphorie das CO_2 vorschnell als Auslöser einer bevorstehenden Klimakatastrophe ausgerufen. Dieser laienhafte Alarmismus rief alsbald neoklimatisch ambitionierte Hilfswissenschaftler der Klimatologie auf den Plan. Für diese Spezies funktionierten die unqualifizierten Unkenrufe, von den Medien auf das Allerfeinste unterstützt, wenig später wie ein den Steigbügel haltender Türaufmacher. Das alteingesessene ‚Klimaboot' wurde im Handumdrehen geentert, die eingefahrene Besatzung kurzerhand über Bord geworfen (für Deutschland siehe Abschnitte 1.2 u. 1.3). Zeitgleich wurde die Politik gezielt heiß gemacht, und auch die Medien wurden flugs als wichtigstes Sprachrohr missbraucht. Fast die Gesamtheit aller Staaten dieser Welt gründete als Folge dieser Kampagne bereits 1988 über die UNO den Weltklimarat (IPCC), der sich der drohenden

Klimakatastrophe annehmen sollte. Ein Großaufgebot von Klimaforschern (sprich: Neoklimatologen) aus aller Herren Länder, heute 195 an der Zahl, erforschte die möglichen Zusammenhänge zwischen Treibhausgasen und einer angeblich bereits beobachtbaren Klimaerwärmung. Den schlimmsten Bösewicht hatten die eifrigen Klimaforscher schon längst als Zugpferd vor ihren Karren gespannt: das CO_2. Und das Ergebnis der Forschung stand unter den gegebenen Bedingungen ohnehin längst fest.

Zum Glück gab es von Anfang an seriöse Wissenschaftler, die dem munteren Klimatreiben mehr als skeptisch gegenüberstanden. Sie bemühten sich dankenswerterweise über mehrere Jahrzehnte hinweg, die Thesen der Neoklimatologen zu falsifizieren. Ein sehr schwieriges, fast aussichtsloses Unterfangen. Gegen den Hauptstrom ist das Schwimmen alles andere als einfach. Dennoch gelang es, die Szene mit fachlich hochqualifizierten Gegenargumenten gezielt unter Druck zu setzen. Dieser Tatsache sind ganz offensichtlich die o. g. reduzierten Werte von Klimaantrieb und Klimasensitivität seitens des IPCC zu verdanken. Das Zugpferd CO_2 funktioniert seither nicht mehr so ganz reibungslos.

3.4.2 Hier scheiden sich die Geister

Seit die Behauptung mit dem CO_2 nicht mehr so richtig greift, bemüht man jetzt, wie bereits angedeutet, zuvorderst den angeblich so wirksamen Wasserdampf. Schließlich ist er mit riesigem Abstand der größte Absorber unter den Treibhausgasen, also genau das, woran es jetzt zu fehlen droht. Zwei Drittel aller von Treibhausgasen absorbierten Infrarotstrahlung gehen allein auf sein Konto. Und da gibt es ja vielleicht eine wunderbare Rückkopplungsmöglichkeit, die selbst bei marginaler Klimasensitivität von CO_2 sofort spontan höchst wirksam wird. Sowie nämlich durch ein auch noch so geringes Plus von CO_2 die bodennahe Luftschicht auch nur geringfügig erwärmt wird, steigt dennoch sofort der Wasserdampfgehalt der Atmosphäre. Und damit muss notwendigerweise auch sofort die Lufttemperatur weiter und stark ansteigen. Arktische Eisflächen tauen ab und die Albedo der Erde sinkt dramatisch ab. Es wird weniger Wärmestrahlung von der Erdoberfläche reflektiert, die Erwärmung schreitet weiter fort, einem Perpetuum mobile gleich! Und dann sind da noch die Wolken… Auch sie reduzieren die terrestrische Ausstrahlung und könnten so vielleicht zu noch mehr Erwärmung beitragen. Ein hochexplosiver Teufelskreis ad infinitum also, der angeblich nur durch ein Bisschen mehr CO_2 in Gang gesetzt wird. Diese geringfügige Initialzündung würde also in der Lage sein, den absoluten Kollaps unseres Klimasystems binnen kurzer Zeit einzuleiten. Das ganze Staatsetats verschlingende Vermeiden von CO_2 ist vor diesem Hintergrund die größte Lachnummer aller Zeiten.

Der Beweis dafür, dass wir es hier mit einem gigantischen Hirngespinst fehlgeleiteter Pseudowissenschaftler zu tun haben, liegt auf der Hand: Ein solches Ereignis müsste im Lauf der Erdgeschichte schon längst aufgetreten sein. Ist es aber nicht, denn unsere Welt existiert ja schließlich immer noch! Dennoch: Das apokalyptische Drohszenario als Daseinsgarantie der Neoklimatologie ist vorerst mal wieder in trockenen Tüchern.

Und wenn die Medien mit derlei Zukunftsvisionen auf die Angstdrüsen des gemeinen Volkes drücken, dann sind die finanzstarken politischen Auftraggeber des IPCC natürlich weiterhin mehr als zufrieden gestellt. Die Forschungsmittel fließen unverändert in Strömen weiter, so dass auch der letzte Neoklimatologe schwach wird und gegen besseres Wissen die dogmatische Klimamesse liest. Und genau dann treten auch noch solche Mäuschen wie die liebe Greta auf den Plan, was natürlich eine weitere willkommene Selbstverstärkung einer von der Neoklimatologie in Tateinheit mit Politik und Medien ins Werk gesetzten Ersatzreligion nach sich zieht. Dem Wasserdampf und der fehlgeleiteten Wissenschaftsgläubigkeit vieler Zeitgenossen sei Dank!

Wie aber sieht die wissenschaftliche Wahrheit aus? Was haben echte Wissenschaftler herausgefunden? Müssen wir uns überhaupt Sorgen um unser Klima machen? Fachliteratur zu diesen Fragen gibt es natürlich in Hülle und Fülle, so dass hier nicht alle Beiträge im Einzelnen besprochen werden können. Das m. E. treffendste Beispiel in deutscher Sprache möchte ich meinen Lesern aber auf keinen Fall vorenthalten. Es handelt sich um ein zutiefst fachspezifisches und deshalb für Nichtmathematiker im Detail zwar unverständliches, aber vom Gesamtergebnis her ungemein interessantes Buch von Hermann Harde. Ich lasse den Autor nachfolgend mit eigenen knappen Ausführungen zu Wort kommen, denn so treffend kann man seine Ergebnisse nicht mit anderen Formulierungen wiedergeben:[76]

„In diesem Beitrag kann nicht auf die vielschichtigen Quellen und Senken von Treibhausgasen, ihren Verweilzeiten in der Atmosphäre oder Prognosen einer zukünftigen Klimaentwicklung eingegangen werden. Auch geht es nicht um Fragen, ob die fossilen Vorräte, die dem Menschen noch zur Verfügung stehen, überhaupt für einen Anstieg der derzeitigen CO_2-Konzentration auf den doppelten Wert ausreichen würden und in welchem Zeitraum ein solches Szenario denkbar wäre. Vielmehr wird als wichtigstes Ziel der hier vorgestellten Untersuchungen der Frage nachgegangen, welche globale Erwärmung mit einer hypothetischen Verdopplung der CO_2-Konzentration verbunden wäre, also der Ermittlung der sogenannten CO_2-Klimasensitivität. Dieser Wert wird maßgeblich von dem gegenseitigen Einfluss der zwei wichtigsten Treibhausgase H_2O und CO_2 bestimmt, die sich in weiten Spektralbereichen überlappen und mit steigender Konzentration deutliche Sättigungseffekte zeigen. Dies erfordert umfangreiche spektroskopische Rechnungen, bei denen auf die neusten Daten dieser Gase zurückgegriffen wird.
Global über alle Klimazonen gemittelt bestimmt damit der Wasserdampf gegenüber den anderen hier betrachteten Gasen die Aufheizung der Atmosphäre im kurzwelligen Bereich zu rund 94%, im

---

[76] Harde, Hermann: Was trägt CO_2 wirklich zur globalen Erwärmung bei? Spektroskopische Untersuchungen und Modellrechnungen zum Einfluss von H_2O, CO_2, CH_4 und O_3 auf unser Klima. Norderstedt (BoD) 2011. Online verfügbar unter
https://books.google.de/books?hl=de&lr=&id=C3Ammd48_MoC&oi=fnd&pg=PA31&dq=harde+globalen+erw%C3%A4rmung+2011&ots=43eh6FuhGK&sig=Kaf47hqgbCU5KOZ5TPK0ptChwqs#v=one-page&q=harde%20globalen%20erw%C3%A4rmung%202011&f=false (zuletzt aktualisiert am 07.03.2011, zuletzt geprüft am 05.12.2019).

langwelligen Bereich noch zu gut 80%...Mit diesem Modell wird so die Temperaturentwicklung der Erde und der Atmosphäre, abhängig von der CO_2-Konzentration und einer Reihe von weiteren Parametern wie der kurz- und langwelligen Streuung an Wolken, der Absorption von Wärmestrahlung in Wolken sowie der Reflexion an der Erdoberfläche für jede Klimazone getrennt simuliert. Ein horizontaler Energieaustausch zwischen den Klimazonen, wie er aus globalen Wind- oder Meeresströmungen resultiert, wird in dem Modell durch einen zusätzlichen Wärmetransfer zu oder von einer Nachbarzone einbezogen. Ebenfalls wird in den Rechnungen die sich mit der Temperatur und der Wasserdampfkonzentration ändernde Absorption (Wasserdampfrückkopplung) und temperaturabhängige atmosphärische Rückstreuung berücksichtigt.

Die Simulationen zum Temperaturanstieg der Erde und Atmosphäre zeigen einen mit wachsender CO_2-Konzentration deutlich abflachenden Verlauf, der auf die stark gesättigte Absorption der intensiven CO_2-Banden zurückzuführen ist. Die Klimasensitivität CS als Maß, wie weit die Temperatur bei einer Verdopplung der derzeitigen CO_2-Konzentration weiter ansteigt, ergibt für die Tropen einen Wert von $CS = 0.61°\,C$ und für die Gemäßigten Breiten einen leicht niedrigeren Wert von $CS = 0.59°\,C$. Dies erklärt sich daraus, dass trotz eines geringeren Wassergehalts in der Atmosphäre und der damit verminderten Abschirmung von CO_2-Banden ein zu erwartender Anstieg in der Klimaempfindlichkeit durch die erhöhte Rückstreuung von Wärmestrahlung an Wolken wieder kompensiert wird. Für die Polargebiete mit nochmals reduziertem Wasserdampfgehalt steigt die Sensitivität auf $CS = 0.87°\,C$ an. Hieraus resultiert als gewichteter Mittelwert über alle Klimazonen eine globale Klimasensitivität von $CS = 0.62°\,C$. Aus den Simulationsrechnungen zeigt sich auch, dass von den weiteren Parametern, die neben den Absorptionsdaten der Treibhausgase in das Klimamodell eingehen, vor allem die Konvektion zwischen Erde und Atmosphäre sowie die langwellige Rückstreuung an Wolken einen stärkeren Einfluss auf den Temperaturverlauf und damit die Klimasensitivität besitzen. Da für diese Parameter keine verlässlichen Daten bekannt sind, leitet sich hieraus der wesentliche Fehler für die Klimasensitivität, der mit 30 % abgeschätzt wird, ab.

Die im IPCC-Bericht angeführten Werte für die Gleichgewichts-Klimasensitivität stammen aus 14 unterschiedlichen Quellen und damit Modellen. Sie erstrecken sich von 2.1 bis 4.4° C mit einem Mittelwert um 3.2° C und liegen im günstigen Fall um den Faktor 3.4, im ungünstigen Fall um das Siebenfache über dem hier ermittelten Wert.

Hier sollte und kann nicht bewertet werden, ob der in den letzten Jahrzehnten beobachtete Anstieg in der CO_2-Konzentration und parallel dazu der Anstieg in der Temperatur rein anthropogenen oder vielleicht auch natürlichen Ursprungs ist. Allerdings würde mit den in dieser Arbeit ermittelten Spektraldaten und dem verwendeten Modell die seit Mitte des 19. Jahrhunderts von 280 auf 380 ppm angestiegene CO_2-Konzentration lediglich zu einem Temperaturanstieg von 0.28° C beitragen. Dieser Wert gilt für ein sich bereits eingestelltes Gleichgewicht, wovon aber bei Zeitkonstanten von ca. 100 Jahren noch nicht ausgegangen werden kann und daher eher ein noch kleiner Anstieg zu erwarten ist.“

3.4.3 Das neoklimatologische Dogma auf dem Prüfstand: ein empirischer Test für die Stammtischrunde

Wem jetzt noch immer keine ernsthaften Zweifel an der momentan weltweit tobenden Endzeit-Hysterie kommen, dem empfehle ich die Lösung des großen Klimarätsels, welches ich zum Abschluss meiner Betrachtungen anbieten möchte. Die Grundidee stammt von Prof. Dr. C. O. Weiss, der sich als klimainteressierter Physiker mit dem Thema ‚Rückkopplungen‘ beschäftigt hat.[77]
Wir verfügen heute über gut 160 Jahre lückenlos zurückreichende Klimamessdaten. Anhand dieser wertvollen Informationen kann jeder von uns, selbst jeder klimatologische Laie oder sogar auch

---

[77] Weiss, C. O. (2010): Rückkopplung im Klimasystem der Erde! Online verfügbar unter https://www.eike-klima-energie.eu/2010/08/10/rueckkopplung-im-klimasystem-der-erde/ (zuletzt geprüft am 06.12.2019).

jeder Neoklimatologe, ohne spezielle Kenntnisse und ohne aufwendige Hilfsmittel quasi am Stammtisch überprüfen, was es mit der Korrektheit der These vom Klimawandel auf sich hat. Sind die von den Politwissenschaftlern des IPCC in die Welt gesetzten Zahlen zur Klimasensitivität von CO_2 auf der Basis real gemessener Klimavarianzen überhaupt haltbar? Oder handelt es sich eher um Wunschdenken einer von der Politik gekidnappten Pseudowissenschaft? Ein echter empirischer Test also, der offenlegen kann, ob die ‚biblischen' Grundlagen der modernen Ersatzreligion namens Klimaschutz falsch sind oder nicht. In der empirischen Wissenschaft würde man von Verifizieren oder Falsifizieren eines hypothetischen Konstrukts sprechen. Doch dieser Anspruch ist im vorliegenden Fall eigentlich viel zu hoch angesiedelt. Wir haben es nämlich nicht mit einem systematisch entwickelten hypothetischen Konstrukt zu tun, sondern allenfalls mit einer unbedarften These, um nicht zu sagen Behauptung.

Die vom IPCC prophezeite globale Erwärmung der bodennahen Luftschicht basiert, wie wir gesehen haben, im Wesentlichen auf einer Rückkopplung von CO_2 und atmosphärischem Wasserdampf. Obwohl niemand explizit ausführt, dass es sich hierbei um eine nichtlineare positive Rückkopplung handelt, dürfen wir getrost davon ausgehen, dass es so ist. Eine lineare Rückkopplung würde sich nämlich explosionsartig unter ständig weiterem Temperaturanstieg ad infinitum ausbreiten, und bei positivem Vorzeichen wäre schon längst alles Wasser auf der Erde verdampft.

Da wir es also ganz offensichtlich mit einer nichtlinearen positiven (anwachsende Temperaturen) Rückkopplung zu tun haben, muss das Klimasystem nicht explodieren. Die Rückkopplung ist gutartig, wird bei zunehmendem Temperaturanstieg stetig schwächer und schaltet sich letztendlich wie thermostatgesteuert ab. Und weil das so ist, weil die Verstärkungen endlich sind, können wir jetzt, nach der ersten Runde Bier, mit unserem empirischen Test beginnen. Wir benötigen Zettel und Bleistift,[78] um es mit den Worten Stefan

---

[78] Stefan Rahmstorf: Die Thesen der „Klimaskeptiker" – was ist dran? Eine Antwort auf Alvo von Alvensleben, Potsdam 2004.

Rahmstorfs zu sagen, und darüber hinaus, der Einfachheit halber, einen simplen Taschenrechner mit Prozentfunktion.

Folgende offizielle Zahlen des IPCC stehen uns als gegebene Rechenparameter vor:

- Ohne die natürliche Anwesenheit atmosphärischer Treibhausgase läge die globale Durchschnittstemperatur der bodennahen Luftschicht bei -18° C anstatt bei +15° C. Der Treibhauseffekt der Atmosphäre beträgt folglich 33° C.
- 29 % (nach H. Harde nur 26 %) des Treibhauseffekts sind dem CO_2 geschuldet, der überwiegende Rest dem Wasserdampf (H_2O).
- Die Zunahme des CO_2-Anteils der Atmosphäre seit dem Beginn des Industriezeitalters beträgt heute (2020) 43 %.
- Die mittlere globale Temperaturzunahme der bodennahen Luftschicht der Atmosphäre seit dem Ende der Kleinen Eiszeit 1860 (Beginn der Gletscherschmelze) beträgt 0,8° C.

Und hier sind unsere beiden spannenden Rätselfragen:

- Können die vom IPCC vorgegebenen Klimasensitivitäten (1,5 – 4,4° C) zutreffend sein?
- Wie wird sich die von CO_2 ausgelöste Erwärmung zukünftig weiterentwickeln?

Sollten sich in geselliger Runde wider Erwarten keine konkreten Ergebnisse finden lassen, so können die Lösungen selbstverständlich auf Seite 136 dieses Buches nachgeschlagen werden.

Welches Fazit lässt sich aus unseren Berechnungen ziehen? An erster Stelle ist festzustellen, dass keine Behauptung der IPCC-Neoklimatologen zutreffend ist, und zwar weder bezüglich der exorbitanten Höhe von Prophezeiungen zur zukünftigen Entwicklung der Erdtemperatur, noch bezüglich des sich permanent weiter fortsetzenden Temperaturanstiegs. Es zeigt sich in aller Deutlichkeit, dass Modellrechnungen ohne flankierende Messergebnisse zur Ergebnisüberprüfung nichts weiter als Makulatur sind. Modellrechnungen falsifizieren keinesfalls Messergebnisse, sondern

Messergebnisse falsifizieren Modelle. Das Konstrukt der Neoklimatologie fällt schon am Biertisch hinten rüber! „Schuster, bleib bei deinem Leisten" können wir da nur noch sagen.

Aber noch eine ergänzende Anmerkung darf an dieser Stelle unter gar keinen Umständen fehlen. Die ‚offiziellen' Zahlen, welche wir zur Lösung unseres Rätsels benutzt haben, sind nur bedingt korrekt, wenn man die Messergebnisse von Harde noch einmal revuepassieren lässt: "Allerdings würde mit den in dieser Arbeit ermittelten Spektraldaten und dem verwendeten Modell die seit Mitte des 19. Jahrhunderts von 280 auf 380 ppm angestiegene CO_2-Konzentration lediglich zu einem Temperaturanstieg von 0.28° C beitragen" (vgl. S. 122). Für die ohnehin unhaltbare These der Neoklimatologen wird es damit noch viel enger, deutet sich doch hier das überdimensionale Spektrum einer natürlichen Klimaerwärmung in deutlichen Umrissen an, zumindest, was seine Größenordnung anbelangt. Wieviel Natur steckt in der Erwärmung der letzten 100 Jahre?

4 EINE WIRKLICHE KATASTROPHE IST DIE KLIMAPOLITIK

Die Folgen der Falschmeldungen zum so genannten Klimawandel sind desaströs, weil sie von jedermann geglaubt werden. Niemand kommt angesichts der Komplexität des Themas und der angeblich drohenden Auswirkungen auf die Idee, seinen eigenen Kopf zu gebrauchen. Es wird so getan, als ob eigene Köpfe nur noch zum Haareschneiden zu gebrauchen wären. Selbst eine physikalisch voll ausgebildete Leitfigur wie Frau Merkel lässt sich von gekidnappten Priestern die Messe lesen, ist durch die PIK-Beratungen bis ins Mark hinein, sprich bis zur Kritikunfähigkeit indoktriniert. Und je lauter die Medien ihre täglichen Gebetsmühlen um das Klima kreisen lassen, umso schlimmer. Selbst fachlich total unmündige Jugendliche helfen zwischenzeitlich bei der Entscheidungsfindung von außen mit. Man kann sich nur noch fassungslos abwenden. Aber mit bloßem Abwenden ist es ja in keiner Weise getan. Angesichts der geplanten Maßnahmenbündel zum fiktiven Schutz unseres gänzlich unbedrohten Klimas kann es einem vor der Zukunft himmelangst werden. Wir schliddern da hinein in eine Diktatur der panischen Herdentiere, in eine Diktatur des Klimatariats mit unabsehbaren Folgen: Es droht in naher Zukunft ein fataler Energie-Blackout, eingeläutet zur Vermeidung eines völlig wirkungslosen Mückenschisses auf dem Globus. Größer ist der Anteil Deutschlands am ohnehin wirkungslosen weltweiten CO_2-Ausstoß nun einmal nicht. Hinzu kommen existenzbedrohende Strategien gegen Fahrzeugbauer und deren Zulieferer. Auch damit verbundene, nie wiedergutzumachende Umweltschäden auf anderen Kontinenten bei der Rohstoffbeschaffung zur Produktion von Batterien für

Elektrofahrzeuge sowie deren späterer Entsorgung. Ebenso der endgültige Abschied von Steak und Hamburger kommt allmählich in Sichtweite, weil Tiere zu viel fressen und Methan in die empfindliche Umwelt furzen. Man könnte pausenlos so fortfahren angesichts der schier endlosen Liste an Gegenmaßnahmen. Gegenmaßnahmen zu einem künstlich aufgeblähten Phantom namens Klimawandel von Menschenhand, welches objektiv gar nicht existiert! Ein virtuelles Produkt völlig übergeschnappter Scheinklimatologen, die ganz offensichtlich den Schuss nicht gehört haben. Was können vernünftige Bürger dagegen tun, wie lässt sich der Lauf der Lemminge anhalten, bevor es zu spät ist? Ein Verein von Fachleuten gegen die Laufrichtung richtet hier nicht allzu viel aus, wie wir an der Wirksamkeit von EIKE sehen können. Kein Normalbürger weiß, wer oder was das ist. Aber alle kennen Greta! Helfen könnte vielleicht eine Gegenbewegung unter dem Motto ‚Denkende Bürger gegen die Klimaidiotie? Wir sollten ernsthaft darüber nachdenken und uns zusammenschließen. Ich für meinen Teil wäre gerne dabei!

LITERATURVERZEICHNIS

Arrhenius, S.: On the Influence of Carbonic Acid in the Air upon the Temperature of the Ground. In: Philosophical Magazine and Journal of Science 41, Nr. 251, 1896.

Auer, I. et al.: HISTALP – historical instrumental climatological surface time series of the greater Alpine region 1760–2003. International Journal of Climatology 27, 2007, S. 17 – 46.

Bachmann, H.: Die Lüge der Klimakatastrophe. Berlin (Frieling) 2008.

Basler Zeitung: Interview mit Nils-Axel Mörner vom 1. Februar 2018.

Berner, U. u. H. Streif (Hrsg.): Klimafakten: Der Rückblick - Ein Schlüssel für die Zukunft, Stuttgart (Schweizerbart) 2004.

Blüthgen, J. u. W. Weischet: Allgemeine Klimageographie. Berlin, New York (de Gruyter) 1980.

Bradley, R. S.: Paleoclimatology: Reconstructing Climates of the Quaternary. San Diego (Elsevier/Academic Press), 3rd. Edition 2014.

Bubenzer, O. u. U. Radtke: Natürliche Klimaänderungen im Laufe der Erdgeschichte. In: Der Klimawandel. Einblicke, Rückblicke und Ausblicke. Hrsg. W. Endlicher u. F.-W. Gerstengarbe, Potsdam 2007, S. 17 – 26.

Calder, N. und H. Svensmark: Sterne steuern unser Klima: Eine neue Theorie zur Erderwärmung. Düsseldorf (Patmos) 2008.

Caquot, A. u. J. Kérisel: Grundlagen der Bodenmechanik. Berlin-Heidelberg-New York (Springer) 1967.

Cook, K. H.: Generation of the African easterly jet and its role in determining West African precipitation. In: Journal of Climate 12 (1999), S. 1165-1184.

Cubasch, U. u. D. Kasang: Anthropogener Klimawandel. Gotha (Klett-Perthes) 2002.

Die WELT vom 25. November 2015: Schellnhubers unverhohlener Antrag auf den Nobelpreis.

Dong, B. u. R. Sutton: Dominant role of greenhouse-gas forcing in the recovery of Sahel rainfall. In: Nature Climate Change, volume 5 (2015), S. 757–760.

Endlicher, W. u. F.-W. Gerstengarbe (Hrsg.): Der Klimawandel. Einblicke, Rückblicke und Ausblicke. Potsdam 2007.

Fischer, H. et al.: Die Basis des anthropogenen Treibhauseffektes: Veränderte Strahlungsflüsse in der Atmosphäre. Stellungnahme der Deutschen Meteorologischen Gesellschaft zu den Grundlagen des Treibhauseffektes, Berlin (Institut für Meteorologie der Freien Universität) 1999.

Flohn, H.: Zur Frage der Einteilung in Klimazonen. In: Erdkunde 11, 1957, S. 161 – 175.

Fourier, J.-B. J.: Mémoire sur les températures du globe terrestre et des espaces planétaires. Les sciences de DES de Mémoires de l'Académie Royale 7, 1824.

G20 Climate. Climate 20 Press Conference, Hamburg 2017.

Garschagen, M., u. G. A. K. Surtiari: Hochwasser in Jakarta – zwischen steigendem Risiko und umstrittenen Anpassungsmaßnahmen. In: Geographische Rundschau 4 (2018), S. 10.

Gerstengarbe, F.-W. u. P. C. Werner: Der rezente Klimawandel. In: Der Klimawandel. Einblicke, Rückblicke und Ausblicke. Hrsg. W. Endlicher u. F.-W. Gerstengarbe, Potsdam 2007.

Haeberli, W. u. M. Maisch: Klimawandel im Hochgebirge. In: Der Klimawandel. Einblicke, Rückblicke und Ausblicke. Hrsg. W. Endlicher u. F.-W. Gerstengarbe, Potsdam 2007.

Haeberli, W. u. M. Maisch: Klimawandel im Hochgebirge. In:

Der Klimawandel. Einblicke, Rückblicke und Ausblicke. Hrsg. W. Endlicher u. F.-W. Gerstengarbe, Potsdam 2007, S. 98 – 107.

Harde, H.: Was trägt CO2 wirklich zur globalen Erwärmung bei? Spektroskopische Untersuchungen und Modellrechnungen zum Einfluss von H2O, CO2, CH4 und O3 auf unser Klima. Norderstedt (BoD) 2011.

Heinrich, H.: Origin and consequences of cyclic ice rafting in the northeast Atlantic Ocean during the past 130,000 years. In: Quaternary Research 29, 1988, S. 142 – 152.

Hendl, M.: Entwurf einer genetischen Klimaklassifikation auf Zirkulationsbasis. In: Zeitschrift für Meteorologie 14, 1960, S. 46 – 50.

Holzhauser, H., Magny, M. & Zumbühl, H. J.: Glacier and lake-level variations in west-central Europe over the last 3300 years. In: The Holocene 15, 2005, S. 789 – 801.

http://www.dmg-ev.de/wp-content/uploads/2015/12/treibhauseffekt.pdf. Zuletzt überprüft 03.12.2019.

http://www.eike-klima-energie.eu/eike/

http://www.spiegel.de/wissenschaft/natur/forscherskandal-heiser-kriegums-klima-a-a-688175.html

http://www.spiegel.de/wissenschaft/natur/klima-propaganda-die-verkaeufer-der-wahrheit-a-813953.html

https://de.wikipedia.org/wiki/Milankovi?-Zyklen

https://kenfm.de/tagesdosis-30-8-2019-klimabetrug-gerichturteil-stuerzt-XXXXX-papst-vom-thron-podcast/

https://scripps.ucsd.edu/programs/keelingcurve/

https://www.afd-main-spessart.de/prof-fuer-meteorologie-horst-malberg-ueber-die-ersatzreligion-klimawandel/

https://www.eike-klima-energie.eu/tag/indonesien/?print=print-search

https://www.helmholtz.de/erde_und_umwelt/da-taut-sich-was-zusammen/ Dessau 2006.

https://www.researchgate.net/figure/Schematic-cross-section-trough-the-East-Siberian-Permafrost-zone-after-WASHBURN-1979_fig4_243971840 [accessed 12 Oct, 2019]

Huch, M., G. Warnecke, K. Germann (Hrsg.): Klimazeugnisse der Erdgeschichte: Perspektiven für die Zukunft. Berlin, Heidelberg (Springer) 2001.

Jacobeit, J.: Zusammenhänge und Wechselwirkungen im Klimasystem. In: Der Klimawandel. Einblicke, Rückblicke und Ausblicke. Hrsg. W. Endlicher u. F.-W. Gerstengarbe, Potsdam 2007.

Jaenicke, H.: Wer der Herde folgt, sieht nur Ärsche: Warum wir dringend Helden brauchen. Gütersloh (Gütersloher Verlagshaus) 2017.

Joerin, U. E., Nicolussi, K., Fischer, A., Stocker, T. F. and Schlüchter, C.: Holocene optimum events inferred from subglacial sediments at Tschierva Glacier, Eastern Swiss Alps. Quaternary Science Reviews 27 (2008), S. 337-350.

Köppen, W.: Die Klimate der Erde. Berlin, Leipzig 1923.

Latif, M.: Globale Erwärmung. Stuttgart (Ulmer) 2012.

Lauer, W.: Klimatologie. Braunschweig (Westermann) 1995.

Lauer, W. u. M. D. Rafiqpoor: Die Klimate der Erde: Eine Klassifikation auf der Grundlage der ökophysiologischen Merkmale der realen Vegetation. Stuttgart 2002.

Lennartz, S. u. A. Bunde: Trend evaluation in records with long-term memory: Application to global warming, Geophysical Research Letters, Bd.36, 2009, 36, L16706.

Lexikon der Biologie, Stichwort ‚Paläoklimatologie'. Spektrum Akademischer Verlag (Heidelberg), 1999. http://www.spektrum.de/lexikon/biologie/palaeoklimatologie/48929

Lüdecke, H.-J. (2013): Klimatrends in Temperaturreihen. Wieviel Natur steckt in der Erwärmung der letzten 100 Jahre? http://www.kaltesonne.de/klimatrends-in-temperaturreihen/

Lüdecke, H.-J., R. Link und F.-K. Ewert: How Natural Is The Recent Centennial Warming? An Analysis Of 2240 Surface Temperature Records. In: International Journal of Modern Physics C.

Band 22, Nr. 10, 2011, S. 1139 –1159.

Malberg, H.: Meteorologie und Klimatologie. Eine Einführung. Berlin, Heidelberg (Springer) 2007.

Mauelshagen, F.: Klimageschichte der Neuzeit 1500–1900. Darmstadt (Wissenschaftliche Buchgesellschaft) 2010.

Milanković M.: Kanon der Erdbestrahlung und seine Anwendung auf das Eiszeitenproblem. In: Académie royale serbe. Éditions speciales 132 [vielm. 133]. Belgrad 1941.

Milanković M.: Théorie mathématique des phénomènes thermiques produits par la radiation solaire. Paris (Gauthier-Villars) 1920.

Moll, Udo: Insel der unbegrenzten Unmöglichkeiten. Meine Jahre auf Teneriffa. Nordersted (BoD) 2018.

Moll, Udo: Klimawandel oder heiße Luft? Hamburg (tredition) 2016.

Nicolussi, K.: Klimaentwicklung in den Alpen während der letzten 7.000 Jahre. In: Oeggl, K. u. Prast, M.: Die Geschichte des Bergbaus in Tirol und seinen angrenzenden Gebieten. Innsbruck (Innsbruck University Press Conference Series) 2009, S. 109.

Popper, K. R.: Logik der Forschung, 11. Auflage, Tübingen 2003.

Rahmstorf, S.: Die Thesen der „Klimaskeptiker" – was ist dran? Eine Antwort auf Alvo von Alvensleben, Potsdam 2004.

Rahmstorf, S. u. H.-J. Schellnhuber: Der Klimawandel. Diagnose, Prognose, Therapie. München (C. H. Beck) 2012.

Roedel, W. u. T. Wagner: Physik unserer Umwelt: Die Atmosphäre. Heidelberg, Dordrecht, London, New York (Springer) 2011.

Schellnhuber, H. J.: Selbstverbrennung: Die fatale Dreiecksbeziehung zwischen Klima, Mensch und Kohlenstoff. München (C. Bertelsmann) 2015.

Schirrmeister, L., C. Siegert und J. Strauß: Permafrost, ein sensibles Klimaphänomen – Begriffe, Klassifikationen und Zusammenhänge. In: Polarforschung 81 (1), 2011 (erschienen 2012), S. 3.

Schöndorf, H.: Klimaschutz – die politische Welt-Ersatzreligion nach dem Ende des Ost-West-Konflikts. Hochschule für Philosophie, München 2019, S. 5. Online verfügbar unter www.fachinfo.eu/schoendorf2019.pdf, zuletzt geprüft am 23.09.2019.

Sirtl, S.: Absorption thermischer Strahlung durch atmosphärische Gase. Experimente für den Physikunterricht. Wissenschaftliche Arbeit für das Staatsexamen im Fach Physik an der Albert-Ludwigs-Universität, Freiburg i. Br. 2010.

Slomka, M. u. N. Odenthal: Neue Hauptstadt: Warum Jakarta umziehen muss. In: ZDF heuteJournal vom 27. November 2019.

Teller, J. T., Leverington, D. W. u. Mann, J. D.: Freshwater outbursts to the oceans from glacial Lake Agassiz and their role in climate change during the last deglaciation. In: Quaternary Science Reviews 21, 2002, S. 879 – 887.

Troll, C.: Karte der Jahreszeitenklimate der Erde. In: Erdkunde 18, 1964, S. 5 – 28.

Troll, C.: Thermische Klimatypen der Erde. In: Petermanns Geographische Mitteilungen 89, 1943, S. 81 – 89.

Umwelt-Bundesamt: Hintergrundpapier „Klimagefahr durch tauenden Permafrost?" Dessau 2006.

von Storch, H. u. W. Krauß: Die Klimafalle. München (Hanser) 2013.

Wanner, H.: Der Klimawandel in historischer Zeit. In: Der Klimawandel. Einblicke, Rückblicke und Ausblicke. Hrsg. W. Endlicher u. F.-W. Gerstengarbe, Potsdam 2007, S. 27 – 33.

Weischet, W.: Einführung in die Allgemeine Klimatologie. Berlin-Stuttgart (Borntraeger) 2002.

Weischet, W.: Regionale Klimatologie. Die Neue Welt. Stuttgart (Teubner) 1996.

Weischet, W. u. W. Endlicher: Regionale Klimatologie. Die Alte Welt. Stuttgart, Leipzig (Teubner) 2000.

Weiss, C. O.: Rückkopplung im Klimasystem der Erde! (2010).

https://www.eike-klima-energie.eu/2010/08/10/rueckkopplung-im-klimasystem-der-erde/(zuletzt geprüft am 06.12.2019).

Westermann Lexikon der Geographie: Stichwort „Klima". Braunschweig (Westermann) 1969, Bd. 2.

Westermann Lexikon der Geographie: Stichwort „Klimatologie". Braunschweig (Westermann) 1969, Bd. 2.

Zechel, S.: Klimazyklen im Atlantik – Milanković-Theorie, Foraminiferen-Geochemie, Heinrich-Events. TU Bergakademie Freiberg, Oberseminar Geologie 2003.

Rätselauflösung von Seite 125

Treibhauseffekt der gesamten globalen Erdatmosphäre = +33° C

Anteil der Klimasensitivität von CO_2 (29%) = + 9,6° C.

Bei Erhöhung der globalen CO_2-Konzentration seit 1860 von 280 auf heute 410 ppm $\triangleq$ 46,5% ergäbe sich linear ein globaler Temperaturanstieg $\triangleq$46,5% von 9,6° C = 4,4° C.

Der heute tatsächlich gemessene globale Temperaturanstieg beträgt aber lediglich 0,8° C, also nur. 18% von 4,4° C! Er ist also beweisbar nicht linear.

Jetzt erhöhen wir die CO_2-Konzentration nochmals um 46,5% auf rund 600 ppm. Was passiert mit der globalen Temperatur? Linear müsste sich eine Erhöhung von 0,8° C einstellen. Aber wir haben ja empirisch ermittelt und bewiesen, dass nur 18% des linearen Wertes hinzukommen, also nur 18% von 0,8=0,14° C.

Wenn das Greta wüsste. Sie hat aber vermutlich ausgerechnet beim Logarithmus die Schule geschwänzt! Frau Merkel wird sicherlich andere Gründe haben, denn Rechnen hat sie ja an der Uni gelernt.

P

R

S

T

V

W